Seminar
Harmonisierung des
Bauvertragsrechts in Europa

Schriftenreihe der
Deutschen Gesellschaft für Baurecht e.V. · Band 22

Seminar Harmonisierung des Bauvertragsrechts in Europa

von
JÖRG WENZEL
ULRICH PAETZOLD
BERTRAND FABRE
EDWIN FRIETSCH
CHRISTIAN WIEGANDT

BAUVERLAG GMBH · WIESBADEN UND BERLIN

Die Deutsche Bibliothek – CIP-Einheitsaufnahme

Seminar Harmonisierung des Bauvertragsrechts in Europa
⟨1993, Bonn⟩:
Seminar Harmonisierung des Bauvertragsrechts in Europa / von
Jörg Wenzel . . . – Wiesbaden ; Berlin : Bauverl., 1994
  (Schriftenreihe der Deutschen Gesellschaft für Baurecht e. V. ; Bd. 22)
  ISBN-13: 978-3-528-01725-5   e-ISBN-13: 978-3-322-84898-7
  DOI: 10.1007/978-3-322-84898-7
NE: Wenzel, Jörg; Deutsche Gesellschaft für Baurecht: Schriftenreihe
  der Deutschen . . .

Das Werk ist urheberrechtlich geschützt. Jede Verwendung auch von Teilen außerhalb des Urheberrechtsgesetzes ist ohne Zustimmung des Verlags unzulässig und strafbar. Das gilt insbesondere für Vervielfältigungen, Übersetzungen, Mikroverfilmungen sowie die Einspeicherung und Verarbeitung in elektronischen Systemen.
Autor(en) bzw. Herausgeber, Verlag und Herstellungsbetrieb(e) haben das Werk nach bestem Wissen und mit größtmöglicher Sorgfalt erstellt. Gleichwohl sind sowohl inhaltliche als auch technische Fehler nicht vollständig auszuschließen.

© 1994 Bauverlag GmbH, Wiesbaden und Berlin

ISBN-13: 978-3-528-01725-5

Inhaltsverzeichnis

Jörg Wenzel, Kabinettchef des Vizepräsidenten der Kommission der Europäischen Gemeinschaften
Dr. Martin Bangemann
Vorstellungen der EG-Kommission für eine Harmonisierung des Bauvertragsrechts 7

Ulrich Paetzold, Rechtsanwalt, Hauptgeschäftsführer der F.I.E.C., Brüssel
Überlegungen einer unabhängigen Expertengruppe zu Abnahme, Haftung, Sicherheitsleistung und Versicherung – Groupe des Associations Interprofessionnales Européennes de la Construction
1. Die Vorgeschichte 13
2. Zur Auswahl der Teilnehmer 15
3. Randerscheinungen 16
4. Persönliche Erfahrung 16
5. Die Aufgabenbeschreibung 18
6. Erklärende Hinweise 18
7. Der Text selbst 19
8. Einbeziehung vertragsfremder Personen 19
9. Haftungsumfang 19
10. Ausschluß der Haftung 20
11. Mangel und Schaden 20
12. Der Schadensersatz 21
13. Fristen 21
14. Die Abnahme 21
15. Abschluß 22

Bertrand Fabre, Directeur d'affaires juridiques et fiscales FNB (Fédération Nationale du Bâtiment)
Haftung für Baumängel in den romanischen Ländern 23

Ministerialrat Edwin Frietsch, Leiter des Referats „Schadensersatzrecht, Recht der Umwelthaftung, Recht der Zivilfahrt" im Bundesministerium der Justiz
Europäisches Bauvertragsrecht: Position der Bundesregierung
1. Einleitung 33
2. Der Vorschlag zur allgemeinen Dienstleistungshaftung 33
3. Der „GAPEC-Vorgang" 34
3.1 Vorbemerkung 34
3.2 Die Abstimmung innerhalb der Bundesregierung 35

3.3 Der GAPEC-Bericht 35
3.4 Einzelne Kritikpunkte 36
4. Bewertung 39

Dr. CHRISTIAN WIEGAND, Rechtsanwalt, Hamburg
Bauhaftung im anglo-amerikanischen Rechtskreis
1. Der schuldrechtliche Vertrag im Common Law 42
2. Die Rechtsgrundlagen der angelsächsischen Baumängelhaftung 45
3. Standardvertragsrecht als Rechtsgrundlage für Mängelhaftung . 47
4. Die Schlüsselrolle der „professionals" 48
5. Mängelbeseitigungshaftung im Hochbau (JCT-Vertragsbedingungen) 49
6. Baumängelhaftung im Ingenieurbau (ICE-Bedingungen 1991) .. 52
7. Baumängelhaftung nach AIA-Document A 201 (1987) 53
8. Zusammenfassung 55

Vorstellungen der EG-Kommission für eine Harmonisierung des Bauvertragsrechts

von JÖRG WENZEL, Chef des Kabinetts von Herrn Vizepräsidenten Dr. BANGEMANN bei der EG-Kommission

Ein Gespenst geistert durch das Europäische Baugewerbe: die ATKINS-Studie. Noch liegt der Endbericht nicht vor, aber schon reagieren viele nervös darauf. Insbesondere die Freien Berufe und der Mittelstand sind besorgt, von der Entwicklung im Baugewerbe überrollt zu werden. Was ist nun dran an diesen Besorgnissen?

Wer die Anfänge und die bisherigen Ergebnisse der Studie wirklich kennt, für den gibt es kein Gespenst, auch dann nicht, wenn er mit der einen oder anderen Prämisse, Schlußfolgerung oder Empfehlung des Gutachtens vielleicht nicht einverstanden ist. Zunächst einmal ist die Studie in erster Linie für das Baugewerbe selbst bestimmt. Sie beschreibt Entwicklungstendenzen, die man gut oder schlecht finden kann, aber in jedem Fall muß man sich damit auseinandersetzen. Welche Schlußfolgerungen daraus zu ziehen sind, ist eine ganz andere Frage. Die Kommission hat sich dazu bislang noch nicht geäußert. Für die Formulierung der auf dem Tisch liegenden Empfehlungen zeichnet also allein der Gutachter verantwortlich, nicht Herr Bangemann und seine Dienststellen. Die Kommission ist auch nicht daran gebunden. Alles ist also noch vollkommen offen.

Was ich trotz aller möglichen Kritik an der Studie als positiv bewerte ist, daß die meisten der ca. 50 Empfehlungen direkt an die Bauindustrie und die übrigen Beteiligten gerichtet sind. Unternehmen und Verbände sind also zunächst einmal selbst gefordert, sich auf die Zukunft vorzubereiten. Dies gilt für Forschung und Entwicklung ebenso wie für Ausbildung und Schulung, Organisation und Unternehmensführung oder Qualität und Umweltschutz. Man kann nicht die Augen davor verschließen, daß sich die Bauindustrie im Umbruch befindet. Das wird durch die ATKINS-Studie deutlich zum Ausdruck gebracht. Jetzt muß die Wirtschaft sich mit den aufgezeigten Trends auseinandersetzen.

Es bedarf wohl keiner Erörterung über die Krise, in der sich die Gesamtwirtschaft der Gemeinschaft und somit auch das Baugewerbe gegenwärtig befindet. Nicht alle Probleme sind konjunkturell bedingt. Auch das Baugewerbe ist einem verschärften Wettbewerbs- und Rationalisierungsdruck ausgesetzt. Dazu trägt der Binnenmarkt ebenso bei wie der verstärkte Informationsaustausch in der Wirtschaft.

Jede wirtschaftliche Tätigkeit läßt sich heutzutage systematisch erfassen, bewerten und vergleichen. Das gilt längst nicht mehr nur für einfache

Tätigkeiten, sondern zunehmend auch für Dienstleistungen „nach Maß". Preisunterschiede werden immer schneller entdeckt und ausgenutzt, wie auch Dienstleistungen verstärkt an den vergeben werden, der sie am günstigsten erbringt. Der Wettbewerb nimmt auf allen Stufen zu. Hinzu kommt die verstärkte Nutzung moderner, computergestützter Informationssysteme. Dauerte es früher einen Monat, um eine Brücke statisch zu berechnen, so erledigt ein Computer mit einer entsprechenden Software das heute in wenigen Minuten. Und einen solchen Computer kann man überall in der Welt aufstellen.

Statische Berechnungen und Bauzeichnungen können daher praktisch an jedem beliebigen Ort durchgeführt werden. An geeignetem Wissen dafür mangelt es ebenfalls nicht.

Das alles wird natürlich nicht ohne Auswirkungen auf das freiberufliche Selbstverständnis bleiben. Was soll etwa aus den Honorarverordnungen werden, wenn sich Architekten- und Ingenieurleistungen wesentlich billiger in der Tschechischen Republik oder auf den Bahamas erbringen lassen? Entfernungen spielen eine immer geringere Rolle. Wie aber will man nationale Standesregeln noch durchsetzen, wenn jeder mit jedem kommunizieren kann? Die EG-Kommission hat nicht die Absicht, an den berufsständischen Ordnungen zu rütteln, aber das heißt nicht, daß sie nicht trotzdem unter Anpassungsdruck stehen. Gleiches gilt auch für die mittelständischen Strukturen im Baubereich, die sich anpassen müssen, um weiter bestehen zu können.

Wir wollen durch das Setzen von notwendigen Rahmenbedingungen dazu beitragen. Die Füllung dieses Rahmens aber muß den betroffenen Kreisen möglichst selbst überlassen bleiben. Unsere Aufgabe besteht vor allem darin, für einen fairen Wettbewerb zu sorgen. Subsidiarität heißt natürlich nicht, daß die Mitgliedstaaten alles dürfen. Auch nationale Regeln müssen mit dem Gemeinschaftsrecht vereinbar sein und dürfen niemanden diskriminieren.

Es gibt bisher kein EG-Baurecht und wird es wohl kaum in Zukunft geben.

Damit soll aber nicht gesagt werden, daß es keine Bestimmungen des Gemeinschaftsrechts gibt, die den Baubereich direkt oder indirekt betreffen. Das Gegenteil ist der Fall. Nach zuverlässigen Erhebungen der Bauindustrie sind es ca. 50 gemeinschaftliche Rechtsakte bzw. Vorhaben, die den Baubereich indirekt oder direkt betreffen. Sie sind die Mosaiksteine dessen, was man im Ansatz als EG-Baurecht bezeichnen könnte.

In diesem Sinne sei auf die Gemeinschaftsbestimmungen über das öffentliche Auftragswesen, den Freiverkehr für Bauprodukte, die Sicherheit auf

Baustellen, die Freizügigkeit von Bauarbeitern sowie Architekten und Ingenieuren nur beispielhaft hingewiesen.

Im Rahmen der Ausführung des Weißbuches von 1985 wurde in den vergangenen Jahren oftmals bereits festgestellt: der Binnenmarkt ist irreversibel. Nun aber, nach fast völligem Abschluß der Harmonisierungsarbeiten kann diese Behauptung ohne Zögern und Zaudern wirklich gemacht werden. Daß offene Grenzen auch mehr Konkurrenz bedeuten, ist sicherlich richtig. Aber niemand sehnt sich hoffentlich in die Zeiten zurück, in denen an den Grenzen noch jedes Auto angehalten und nach verbotenen Mitbringseln aus dem benachbarten Urlaubsland gefahndet wurde. Der Binnenmarkt mit seinen offenen Grenzen ist schon heute so sehr eine Realität, daß manche offenbar glauben, er sei vom Himmel gefallen. Anders kann ich mir den gegenwärtigen Europessimismus kaum erklären.

Mit dem Weißbuch der Kommission von 1985 und der Einheitlichen Akte hat die Rechtsangleichung in der Gemeinschaft einen zuvor nie gekannten Impuls erfahren. Das Ziel war und ist die Verwirklichung des Binnenmarktes. Inzwischen hat die Kommission im Bereich des öffentlichen Auftragswesens das Gesamtpaket abgeschlossen. Neben der Liefer- und Baukoordinierungsrichtlinie stehen die Richtlinien für die Vergabe von Aufträgen in den bisher ausgeschlossenen Sektoren und von Dienstleistungen. Eindeutige Schwellenwerte, transparente Vergabeverfahren und ausreichende Informationen im Vergabewesen sind das Ziel.

Alle diese Richtlinien werden ergänzt durch sogenannte Rechtsmittel-Richtlinien, die notwendig sind, um diskriminierende Praktiken erfolgreich zu bekämpfen. Das gilt insbesondere für den Schutz ausländischer Anbieter. Wer recht hat, muß auch sein Recht bekommen können. Dazu gehört nötigenfalls auch der Gang zu einem ordentlichen Gericht. Mit Dienstaufsichtsbeschwerden allein läßt sich das Problem nicht lösen. Man denke nur daran, daß sich Schadensersatzansprüche auf diese Weise nicht durchsetzen lassen. Die Versetzung eines schuldigen Beamten reicht dafür nicht aus.

Die Umsetzung dieser Richtlinien gerade in Deutschland ist ein Problem. Ich verrate kein Geheimnis, daß die Kommission mit der deutschen Lösung im Rahmen eines Haushaltsgrundsätzegesetzes nicht einverstanden ist. Diese Lösung ist nach Auffassung der Kommission nicht geeignet, die rechtliche Verbindlichkeit zu schaffen, die sich aus den Gemeinschaftsrichtlinien ergibt. Hier wird wohl leider der EuGH das letzte Wort sprechen müssen. Das finde ich um so bedauerlicher, als sonst Deutschland immer als ein Musterbeispiel für Rechtsstaatlichkeit und Bürgernähe angesehen wird. Für den Baubereich läßt sich das nicht uneingeschränkt behaupten.

Zu einem anderen Thema: Die Präqualifikation spielt im Vergabewesen eine besondere Rolle. Wir suchen auch hier die flexibelste Lösung. Deshalb haben wir das Europäische Normungskomitee CEN mit einer Vorstudie einer etwaigen besonderen Normung der Beurteilungskriterien beauftragt. Auch hier suchen wir also nach einer pragmatischen Lösung, die jetzt aber auch endlich kommen muß. Wir können nicht länger hinnehmen, daß deutsche Unternehmen in bestimmten Mitgliedstaaten durch undurchschaubare Präqualifikationssysteme benachteiligt werden. Notfalls müssen wir gegen solche protektionistischen Praktiken Klage vor dem EuGH erheben.

Im Rahmen der technischen Rechtsangleichung spielt die sogenannte Bauproduktenrichtlinie eine besondere Rolle. Sie deckt mit einem besonders breiten Anwendungsbereich alle im Hoch- und Tiefbau verwendeten Produkte ab, soweit sie vermarktet werden. Gemäß dem sogenannten Neuen Ansatz von 1985 wird die technische Ausgestaltung der wesentlichen Anforderungen der Europäischen Normung überlassen. Die Zahl der notwendigen Produkt- und Prüfnormen in diesem Bereich wird auf über 1 000 geschätzt.

Nachdem nun gerade die sogenannten technischen Grundlagendokumente verabschiedet wurden, steht einer zügigen Ausführung des Normungsprogramms nichts mehr im Wege. Wir hoffen, daß innerhalb der nächsten zwei Jahre auch Bauprodukte mit der CE-Kennzeichnung frei innerhalb der EG und dem EWR vermarktet werden können. Was einmal geprüft und für sicher befunden ist, kann in der ganzen Gemeinschaft am Bau verwendet werden. Das ist richtig verstandene Subsidiarität.

Im Sozialbereich sei die Richtlinie über mobile Arbeitsplätze erwähnt. Sie regelt über Mindestvorschriften die Sicherheit an Bau- und Abbruchstellen. Da diese Richtlinie relativ neu ist, hat die Kommission noch wenig Erfahrung mit den Auswirkungen vor Ort. Sie dürften aber in Deutschland eher gering sein.

Wie schnell sich die Dinge aber wandeln, erkennt man an der Geschichte der sogenannten Entsenderrichtlinie. Sie wurde 1991 von der Kommission – nicht zuletzt auf dringenden Wunsch Deutschlands – vorgelegt. Es geht darin um die Frage, wessen Arbeitsbedingungen gelten sollen, wenn ein Unternehmen mit seinen Beschäftigten in einem anderen Mitgliedstaat tätig wird. Natürlich betrifft diese Richtlinie in der Praxis hauptsächlich das Bau- und das Reinigungsgewerbe. Im Kern sieht sie vor, daß die durch Gesetz oder allgemeinverbindliche Tarifverträge vorgeschriebenen Regelungen des Aufnahmestaates gelten sollen. So wollte die Kommission Wettbewerbsverzerrungen durch schlechtere Sozialbedingungen vermeiden.

Doch die Diskussion im Europäischen Parlament und im Rat über die Richtlinien kommt kaum voran. Das erklärt sich nur zum Teil durch die unterschiedliche Interessenlage der Mitgliedstaaten. In Wahrheit ist die Problematik der unterschiedlichen Lohn- und Arbeitsbedingungen zwischen den Mitgliedstaaten längst überlagert durch das massive Auftreten von Arbeitskolonnen aus Drittstaaten. Ich habe deswegen den Eindruck, daß man in Deutschland und etlichen anderen Mitgliedstaaten weitgehend das Interesse an dieser Richtlinie, die sich hauptsächlich mit grenzüberschreitender Tätigkeit zwischen unseren Mitgliedstaaten beschäftigt, verloren hat. Vieles deutet deswegen auf ein stilles Ende des Vorschlags hin.

Im Rahmen dieses Kaleidoskops seien hier schließlich noch Richtlinien zur Freizügigkeit der Berufe genannt. Dies betrifft einerseits die schon ältere Architekten-Richtlinie und andererseits die allgemeine Richtlinie zur Anerkennung akademischer Diplome für eine 3- und mehrjährige Studiendauer.

Die Verfahren der zusätzlichen Teilexamina und der zeitlich befristeten Begleitung durch einen einheimischen Berufskollegen im Niederlassungsland mögen kompliziert erscheinen. Doch glauben wir, hier eine auf Gemeinschaftsebene praktikable Rahmenlösung gefunden zu haben, und zwar ohne reglementierend in die gewachsenen nationalen Ausbildungs- und Diplomsysteme einzugreifen. Nun soll dieses gleiche Schema auch auf Diplome unter 3 Studienjahren Anwendung finden.

Ich möchte den Katalog von Maßnahmen und möglichen Vorhaben nicht abschließen, ohne auf die Gewährleistung und Haftung im Bauwesen einzugehen.

Wie Ihnen bekannt ist, wurde der Bau teilweise in den Vorschlag einer horizontalen Richtlinie für fehlerhafte Dienstleistungen mit einbezogen. Meines Erachtens nicht ganz zu Recht, zumal im Bau ein ganzes Bündel von Dienstleistungs- und Werkverträgen zusammenlaufen. Die eigentliche Frage ist jedoch, ob wir wirklich eine europäische Haftungsregelung brauchen oder ob nicht die nationalen Regelungen, einschließlich der ständigen Rechtsprechung, völlig ausreichen, um den Bauherrn angemessen zu schützen. Es ist ja nicht so, daß alles Gute unbedingt immer aus Brüssel kommen muß.

Die Kommission hat noch keine endgültige Entscheidung getroffen, wie es bei der Dienstleistungshaftung weitergehen soll. Auf dem Gipfel von Edinburgh wurde im letzten Januar entschieden, noch einmal neu über die Notwendigkeit einer EG-Dienstleistungshaftung nachzudenken. Es ist also nicht auszuschließen, daß die Kommission den Richtlinienentwurf wieder zurückziehen wird. Ob dann überhaupt noch eine Sektorenrichtlinie

„Bau" notwendig ist, erscheint mehr als fraglich. Die Kommissionsdienststellen haben dazu vor kurzem ein „Reflexionspapier" vorgelegt, über das jetzt mit den betroffenen Kreisen diskutiert wird. Entschieden ist auch hier noch nichts.

Ich persönlich glaube nicht, daß noch ein akuter Handlungsbedarf gegeben ist. Sollte die horizontale Dienstleistungshaftungsrichtlinie wirklich endgültig zurückgezogen werden, dann ist m. E. auch einer bauspezifischen Aktion jede Grundlage entzogen.

Es besteht für die Baubranche also durchaus Grund zum Optimismus. Das sollte man auch ruhig etwas stärker nach außen zeigen. Die Art und Weise, wie wir – und damit meine ich Herrn BANGEMANN und seine Mitarbeiter – das Thema bislang behandelt haben, ist durchaus ein Vorbild für einen vernünftigen und transparenten Umgang mit der Wirtschaft. Brüssel wird viel kritisiert. Hier könnte man uns eigentlich auch einmal loben.

Loben sollte man die Kommission auch für unsere neueste Initiative, die für die Bauwirtschaft nicht ohne Bedeutung sein wird, nämlich das Weißbuch „Wachstumsinitiative", das im Dezember dem Europäischen Rat vorgelegt werden soll. Eines seiner wichtigsten Elemente stellt der Ausbau der Infrastrukturnetze in den Bereichen Energie, Telekommunikation und Verkehr dar, kurz „transeuropäische Netze" genannt.

Der Ausbau leistungsfähiger Netze im Verkehrsbereich ist ein wichtiger Beitrag zur Steigerung der Wettbewerbsfähigkeit der europäischen Wirtschaft. Neben der Schaffung von günstigen Rahmenbedingungen für private Investitionen gehören dazu auch neue Formen der Projektrealisierung in Form von „public privat partnership" zwischen nationalen Behörden, Banken und Industrie. Beim Bau von Straßen und Schienen erweisen sich jedoch immer wieder die langen Bearbeitungszeiten bei der Prüfung der Umweltverträglichkeit eines Bauvorhabens bzw. beim Raumordnungsverfahren als große Investitionshemmnisse. Wir werden deshalb im Weißbuch vorschlagen, bei Projekten von „europäischem Interesse" die Umweltverträglichkeitsprüfung zu verkürzen, d. h. zu beschleunigen.

Dies ist nur ein Beispiel dafür, wie sich Verkrustungen europäisch lösen lassen. Das ist oft der einzige Weg, um noch einen Ausweg aus dem gegenwärtigen Beschäftigungsdilemma zu finden. Alle beklagen zwar die hohe Arbeitslosigkeit, aber kaum jemand ist zu durchgreifenden Reformen, z. B. des Arbeitsmarktes, bereit. Wenn der Anstoß zur Deregulierung nicht aus Brüssel kommt, wird überhaupt nichts geschehen. Dann wird man die Arbeitslosigkeit nur sozial alimentieren, solange das Geld dafür noch reicht, statt sie wirksam zu bekämpfen. Ich wünsche mir daher, daß nicht jede Wortmeldung aus Brüssel als ungerechtfertigte Einmischung in innere Angelegenheiten angesehen wird. Manchmal kann die EG auch nützlich sein, um zu zeigen, daß es auch anders geht.

Überlegungen einer unabhängigen Expertengruppe zu Abnahme, Haftung, Sicherheitsleistung und Versicherung – Groupe des Associations Interprofessionnelles Européennes de la Construction

von Rechtsanwalt ULRICH PAETZOLD, Hauptgeschäftsführer der FIEC, Brüssel

Die FIEC ist der Verband der Europäischen Bauwirtschaft und vertritt über ihre 27 nationalen Mitgliedsverbände aus 21 Ländern (12 EG, 6 EFTA, Tschekische, Slowakische, Ungarische Republiken) auf europäischer Ebene die Interessen von Bauunternehmen jeder Größe (Handwerk, KMU, Großunternehmen) und aus allen Fachbereichen des Hoch- und Tiefbaus. Die deutschen Mitglieder sind der Hauptverband der Deutschen Bauindustrie und der Zentralverband des Deutschen Baugewerbes.

1. Die Vorgeschichte

Das Thema Haftung und Gewährleistung in der Bauwirtschaft Europas beschäftigt die europäischen Instanzen schon seit einigen Jahren.

Zu erwähnen sind hier
- das **Weißbuch** zum Binnenmarkt von Lord COCKFIELD aus dem Jahr 1985,
- die Entschließung des europäischen Parlaments zur Notwendigkeit einer Gemeinschaftsaktion im Bausektor im Oktober 1988, **Stichwort „Bueno Vicente"**, Berichterstatter für dieses Thema,
- **GRIM**, d. h. die „Groupe de réglementation information et management", eine Gruppe, an der zunächst nur Regierungsvertreter teilnahmen, in der letzten Sitzung aber auch Vertreter der Bauwirtschaft im weiteren Sinne,
- und zu guter Letzt **Herr MATHURIN,** ein französischer Ingénieur Général des Ponts et Chaussées.

Als Consultant der EG-Kommission hat Herr MATHURIN zum einen eine Darstellung des geltenden Rechts in den Mitgliedsstaaten der EG vorgelegt und zum anderen eine Vielzahl von Vorschlägen gemacht zur Harmonisierung von Haftung, Gewährleistung, Versicherung und Baukontrolle in Europa.

Die EG-Kommission sah die Notwendigkeit, sich in diesem Bereich auf einige wichtige Themen zu konzentrieren und lud eine kleine Gruppe von Personen aus verschiedenen Bereichen des Bausektors zu einer Arbeitssitzung ein. Das Ergebnis dieses Expertentreffens war ein Diskussionspapier, das auch ein Aktenzeichen hat, aber gemeinhin das **„CARONNA Papier"** genannt wird. Herr CARONNA ist der Beamte der EG-

Kommission, der in der Generaldirektion III, im Referat Bauwirtschaft, für die konkrete Bearbeitung dieses Themas zuständig ist.

Dieses CARONNA Papier wurde dann in der zuvor erwähnten Sitzung des GRIM diskutiert, wobei ein Teil der Vertreter der Mitgliedsstaaten sich für eine solche Harmonisierung und der andere Teil sich dagegen aussprach.

Zur selben Zeit einigten sich die EG-Kommissare auf einen Vorschlag für eine allgemeine Richtlinie über die Haftung bei Dienstleistungen, in dem die Haftung für Dienstleistungen im Baubereich mit zwei kurzen Sätzen auf 10 Jahre seit Kenntnis der anspruchsbegründenden Tatsachen festgelegt wurde, wobei eventuelle Ansprüche 20 Jahre nach Erbringung der schadensverursachenden Dienstleistung erlöschen sollten. Dieses Ergebnis stand natürlich in vollständigem Widerspruch zu schriftlichen Äußerungen des Generaldirektors der zuständigen Generaldirektion an die FIEC, es sei nicht daran gedacht, den Bausektor in den Regelungsbereich dieser Dienstleistungshaftungsrichtlinie einzubeziehen.

Als Nebenbemerkung sei mir der Hinweis gestattet, daß die europäische Bauwirtschaft in diesem Bereich stets die volle Unterstützung des Vizepräsidenten BANGEMANN und seines Kabinetts genossen hat. Ich sage das in erster Linie deswegen, weil Herr Dr. BANGEMANN als Vertreter der EG-Kommission insgesamt regelmäßig die harsche Kritik an diesem Richtlinienvorschlag zu hören bekommt, den er selbst von Anfang an abgelehnt hat.

Als Folge dieses Richtlinienvorschlags ergab sich nun die interessante Konstellation, daß Gegner und Befürworter einer Harmonisierung von Haftung und Gewährleistung im Baubereich gemeinsam an diesem Thema arbeiteten. Die einen, weil die spezielle Bauhaftung als das kleinere Übel im Verhältnis zur allgemeinen Dienstleistungshaftung gesehen wurde, die anderen, weil sie ohnehin für eine solche Harmonisierung waren.

Die EG-Kommission, d. h. das Referat Bauwirtschaft unter Leitung von Herrn ZACHMANN begann mit den Vorbereitungen für die Arbeiten an einer speziellen Regelung zur Haftung im Bausektor.

Dabei entschlossen sich die zuständigen Beamten, einen völlig neuen Weg einzuschlagen oder, um es mit den Worten eines der Beamten auszudrücken: „Üblicherweise bereiten wir einen Vorschlag vor und dann fallt Ihr über uns her und kritisiert uns, jetzt machen wir das einmal anders herum."

Es wurde also beschlossen, die verschiedenen, mit dem Bauen beschäftigten Berufsgruppen und Industriezweige von Anfang an mit den Vorarbeiten zu betrauen, und so entstand „GAIPEC" – die Abkürzung für

„Groupe des Associations Interprofessionnelles Européennes de la Construction".

In der ersten – und bislang einzigen – Vollversammlung von GAIPEC trafen die ungefähr 50 Repräsentanten der verschiedensten Verbände entsprechend den Empfehlungen der EG-Kommission 3 Entscheidungen:
- es sollten 4 Arbeitsgruppen gebildet werden für die Themen
Abnahme,
Haftung,
rechtliche Garantie und
finanzielle Deckung der rechtlichen Garantie,
- die anwesenden Verbände sollten Kandidaten für die Teilnahme an diesen Arbeitsgruppen benennen,
- die FIEC, der Verband der europäischen Bauwirtschaft, sollte als Koordinator fungieren.

2. Zur Auswahl der Teilnehmer

Dieser Aufforderung kamen insgesamt 17 Verbände in unterschiedlichem Umfange nach, so daß im Ergebnis jede Arbeitsgruppe aus 12 bis 14 Experten bestand. Darüber hinaus nahmen an allen Sitzungen die FIEC als Koordinator, Beamte der DG III und des Verbraucherschutzdienstes sowie externe Experten der EG-Kommission teil.

Die EG-Kommission ernannte alle Teilnehmer zu Experten „à titre personnel". Dadurch galten die einzelnen Teilnehmer nicht als Vertreter der Verbände, die sie benannt hatten, und konnten ihre persönliche Meinung äußern, ohne durch die Notwendigkeit interner Abstimmung gehemmt zu werden. Selbstverständlich zeigten die Diskussionen deutlich das berufliche Umfeld und die Staatsangehörigkeit der Teilnehmer. Interessant dabei war, daß in vielen Fällen Zustimmung und Ablehnung sich eher an der Staatsangehörigkeit als am beruflichen Umfeld orientierte.

Als die Existenz von GAIPEC und den 4 Arbeitsgruppen in den europäischen Baukreisen bekannter wurde, erhielten die EG-Kommission und auch der Koordinator eine Vielzahl von Telefonanrufen von zum Teil recht aufgebrachten Interessenvertretern, die sich übergangen oder sogar schlecht behandelt fühlten.

Die EG-Kommission blieb Gott sei Dank hart und erweiterte die Anzahl der Teilnehmer an den Arbeitsgruppen nicht, sondern sicherte den Interessenvertretern zu, daß sie über die Ergebnisse der GAIPEC-Arbeiten umfassend informiert und an der folgenden Diskussion über die weitere Behandlung des Themas auf EG-Ebene beteiligt werden würden. Dieses Versprechen hat die EG-Kommission mit dem inzwischen in allen Gemeinschaftssprachen vorliegenden „Reflexionspapier" erfüllt, auf das die EG-Kommission schriftliche Antworten bis zum 1. Dezember erwartet. Die zweite GAIPEC-Vollversammlung ist für Ende Januar geplant.

Die Leitung der 4 Arbeitsgruppen wurde
– einem britischen beratenden Ingenieur,
– einem spanischen Rechtsanwalt und Architekten,
– einem französischen Vertreter des sozialen Wohnungsbaus
– und dem Vorstandsmitglied einer deutschen Versicherung übertragen.

Die Zusammensetzung der vier Arbeitsgruppen und der Leitung dieser Gruppen war ausgeglichen und entsprach den verschiedenen mit dem Bau zusammenhängenden Tätigkeiten und den unterschiedlichen Nationalitäten.

3. Randerscheinungen

GAIPEC und die Zusammensetzung der Arbeitsgruppen bewegten die Gemüter sehr: einige zogen sich gänzlich von den Arbeiten zurück, nachdem ihre Arbeit von allen anderen Teilnehmern und der EG-Kommission als recht national orientiert und höchst ineffizient angesehen wurde.

Einer der zuständigen EG-Beamten wurde in einem Artikel des Canard Enchaîné in Frankreich heftig angegriffen und beschuldigt. Wie Sie sehen, ist das Thema von Haftung und Gewährleistung im Bausektor nicht ohne Reiz.

4. Persönliche Erfahrung

Für mich persönlich war es ein großes Vergnügen, mit der Vielzahl von Experten aus verschiedenen Ländern und mit unterschiedlichem beruflichen Hintergrund zusammenzuarbeiten. Im Laufe der Diskussionen in den monatlichen Sitzungen der 4 Arbeitsgruppen wuchs bei allen Beteiligten das Verständnis der Rechtssysteme in den anderen Ländern. Die Anlagen zum GAIPEC-Bericht, die auch dem Reflexionspapier beigefügt sind, geben insoweit einen groben Überblick über die Prinzipien der verschiedenen nationalen Rechtsordnungen.

Eine weitere interessante Erfahrung für mich war, daß wir in der Rolle des Koordinators über einige Monate hinweg das Geschehen von der „anderen Seite" sahen, d. h. wir hatten mit vielen Dingen zu kämpfen, die üblicherweise der EG-Kommission zur Last fallen:
– ständige Anfragen und Zwischenfragen von allen möglichen Interessierten, der Presse und von Teilnehmern an den Arbeitsgruppen
– stapelweise Stellungnahmen, Hinweise, Informationsmaterial und Forderungen,

- die mangelnden Fremdsprachenkenntnisse vieler Beteiligter, und dadurch Rückgriff auf Dolmetscher und Übersetzer, die insoweit eine sehr schwere Aufgabe hatten.

Unter Berücksichtigung dieser Komplikationen bin ich der Auffassung, daß die EG mit ihrem innovativen Ansatz, die Vorarbeiten direkt von den beteiligten Kreisen vornehmen zu lassen, einen richtigen Weg beschritten hat.

Die Ergebnisse der GAIPEC-Arbeiten, zu denen ich jetzt gleich kommen werde, erheben nicht den Anspruch, die Lösung aller Probleme darzustellen, aber sie sind das Ergebnis intensiver Diskussionen von Experten aus verschiedenen Ländern und mit unterschiedlichem beruflichen Hintergrund, die in relativ kurzer Zeit in einem recht kurzen Dokument einen Diskussionsbeitrag zu dem Thema geliefert haben.

Die Ergebnisse

Die Ergebnisse der GAIPEC-Arbeiten bestehen aus drei Teilen:
- dem Glossar
- dem Anhang mit der Übersicht über die nationalen Rechte
- und dem eigentlichen Text.

Das Glossar zeigt, welche Begriffe in den drei Arbeitssprachen von GAIPEC jeweils benutzt wurden. Es erhebt nicht den Anspruch, die bestmögliche Übersetzung zu liefern. Das Problem ist keineswegs spezifisch für die GAIPEC-Arbeit, sondern stellt sich bei praktisch allen Vorhaben auf europäischer Ebene. Es ist zwar möglich, Rechtsbegriffe zutreffend in eine andere Sprache zu übersetzen, aber in den meisten Fällen bleibt dabei das gesamte Umfeld, in dem ein solcher Begriff zu verstehen ist, auf der Strecke. Als Beispiel seien die Begriffe **Hemmung** und **Unterbrechung** von Fristen genannt, für die man unproblematisch die entsprechenden Wörter in fremden Sprachen findet. Die mit den beiden Begriffen im deutschen Recht verbundenen Wirkungen müssen dagegen zusätzlich deutlich erklärt werden, da sie sich in den fremden Sprachen nicht automatisch aus dem Begriff selbst ergeben.

Die Übersicht über die nationalen Rechte im Bereich der Abnahme, der Haftung/Gewährleistung und der finanziellen Deckung beruhen auf den Studien einer Expertengruppe der FIEC, die im September 1988 veröffentlicht wurden und auf den ergänzenden Arbeiten der GAIPEC-Experten selbst. Diese Informationen sind extrem kurz gehalten und können wegen fehlender Detailinformationen schnell als unrichtig bezeichnet werden. Diese Kritik übersieht allerdings, daß die Zusammenstellung nicht das Hauptziel der Arbeiten war, sondern als notwendige Basisinformation nur ein Nebenprodukt dieser Arbeiten darstellt.

5. Die Aufgabenbeschreibung

Der Arbeitsbereich sollte sich nach den ursprünglichen Beschreibungen auf privaten und öffentlichen Hochbau beschränken. Im Laufe der Diskussionen plädierten die Teilnehmer dafür, den Anwendungsbereich zumindest für die Themen Abnahme und Haftung auf den Tiefbau auszudehnen.

Bei den 4 Themen der Abnahme, der Haftung, der Gewährleistung und der finanziellen Deckung sollte ein System definiert werden, das als Kompromiß von den verschiedenen nationalen Systemen akzeptiert werden könnte.

Eine mündliche Vorgabe der EG-Kommission dabei war es, nach einem System zu suchen, bei dem die gegenläufigen Interessen der Baubeteiligten und der Kunden zufriedengestellt werden könnten. D. h. zum einen sollte der Baubeteiligte nur für nachgewiesenes Verschulden haften, zum anderen sollte der Auftraggeber eine schnelle Möglichkeit der Reparatur von Baumängeln und Bauschäden haben, ohne das Ende eines Rechtsstreits abwarten zu müssen und ohne Präjudiz für den Ausgang eines solchen Rechtsstreits.

Nachdem die ersten Sitzungen der Arbeitsgruppe keine konkreten Ergebnisse erzielt hatten, beschlossen die Leiter der Arbeitsgruppen, die Diskussionen anhand konkreter Texte zu strukturieren. Dadurch erklärt sich die Form des koordinierten GAIPEC-Textes.

6. Erklärende Hinweise

Ehe ich auf den konkreten Text eingehe, möchte ich kurz unterstreichen, was dieser Text **nicht** ist, damit es gar nicht erst zu Mißverständnissen kommt.

Die Diskussionen fanden in dem von der EG-Kommission gesetzten Rahmen statt, so daß es sich bei dem Text **nicht** um die einhellige Meinung des europäischen Bausektors handelt.

Die Aufgabe von GAIPEC war es **nicht,** eine Stellungnahme zur Notwendigkeit einer EG-Harmonisierung abzugeben, so daß die Mitarbeit bei GAIPEC als solche **nicht** als Zustimmung zu einer solchen Harmonisierung angesehen werden kann.

Bei dem Text handelt es sich auch **nicht** um eine Stellungnahme der FIEC, die FIEC hat die Arbeiten lediglich als Koordinator betreut.

Der Text ist auch **nicht** die Stellungnahme der EG-Kommission, sondern das Ergebnis einer Beraterstudie, wie die EG-Kommission sie in großer Zahl vergibt.

7. Der Text selbst

Das allgemeine Prinzip

Entsprechend den Arbeitsanweisungen setzt sich der Text in seinem Hauptteil aus zwei Systemen zusammen:
- **einem vertraglichen Haftungssystem,** an dem außer den Vertragsparteien des Bauvertrags auch der „nachfolgende Eigentümer" und der „Benutzer" einbezogen werden.
- **und einem System,** das den berechtigten Eigentümer oder Benutzer schnell in die Lage versetzen soll, Baumängel und Bauschäden beseitigen zu lassen. Im deutschen Text haben wir für dieses System den Begriff der „Gewährleistungssicherheit" gewählt, da dieser Begriff noch nicht besetzt ist.

Der Anwendungsbereich beschränkt sich auf vertragliche Beziehungen, wobei der Bereich der vertraglichen Beziehungen wie gesagt etwas erweitert wurde. Aber es herrschte Einigkeit, deliktrechtliche Verhältnisse nicht miteinzubeziehen.

8. Einbeziehung vertragsfremder Personen

Wie bereits kurz erwähnt, dehnt der Text die vertraglichen Wirkungen auf der Auftraggeberseite aus. Zum einen werden die dem Auftraggeber nachfolgenden Eigentümer in der Weise mit eingebunden, daß die dem Auftraggeber zustehenden Rechte automatisch auf sie übergehen. Zum anderen wird für einen Teil des Textes auch der rechtmäßige Benutzer eines Bauwerks in den Schutzbereich mit einbezogen.

Diese Vorstellung beruht in erster Linie auf Verbraucherschutzgedanken und gibt damit sowohl den Vertragsparteien als auch den benannten Dritten Zugang zu den Schutzsystemen, die in dem Text dargestellt werden.

9. Haftungsumfang

Bei den Diskussionen herrschte Einigkeit, daß die Vertragsparteien grundsätzlich die Pflicht haben, ihre vertraglichen Verpflichtungen zu erfüllen. Dabei einigte sich die Mehrheit der Teilnehmer darauf, daß der Bauvertrag keine Verpflichtung zum Ergebnis darstelle, sondern eine Verpflichtung zur adäquaten Sorgfalt. Dieser Begriff beruht auf dem englischen „skill, care and diligence" und beruht offensichtlich auf einer Einordnung von Bautätigkeit als Dienstleistung.

Die aus dem deutschen Recht bekannte Unterscheidung von Dienstvertrag und Werkvertrag konnte sich nicht durchsetzen.

Gleichzeitig sollen die Baubeteiligten nur für nachgewiesenes Verschulden haften, und dies sogar dann, wenn mehr als ein Baubeteiligter für denselben Mangel oder denselben Schaden verantwortlich sein sollte. In den Diskussionen wurde dies dadurch gerechtfertigt, daß es aufgrund der „Gewährleistungssicherheit" nicht der Bauherr, d. h. der Verbraucher sei, der diesen Beweis führen müsse, sondern der Sicherheitsgeber bei der Geltendmachung seiner Rückgriffsansprüche gegen den Baubeteiligten.

10. Ausschluß der Haftung

Um die zuvor dargestellte Haftung nicht uferlos werden zu lassen, wurde beschlossen, einen Katalog von Gründen für den Ausschluß der Haftung aufzustellen. Dabei handelt es sich zum einen um allgemeine Ausschlußgründe, zum anderen aber auch um Verstöße gegen Verpflichtungen, die sich aus dem GAIPEC-Text ergeben oder um den direkten bestimmenden Einfluß des Auftraggebers (Art. 10).

11. Mangel und Schaden

Der deutsche Begriff „Mangel" in der Definition Nr. 9 ist sicherlich aus deutscher Sicht etwas unglücklich, da er sich doch erheblich von dem Fehlerbegriff des deutschen Rechts unterscheidet.

Von der Sache her setzte sich in den Diskussionen die Auffassung durch, die die Wirkungen des GAIPEC-Textes auf einen beschränkten Teil der in Frage kommenden Fehler begrenzen wollte. In Anlehnung an die in der Bauproduktenrichtlinie dargestellten Anforderungen an die Sicherheit von Bauwerken kam es dann zu der jetzt abgedruckten Definition.

In der üblichen Juristenlogik ist der so definierte Mangel die Voraussetzung für den Schaden und später den Schadensersatz.

Die Definition des „Sachschadens" beruht zum einen auf der Idee, daß nur direkte materielle Schäden an einem Bauwerk erfaßt werden sollten, nicht aber andere Schäden, unter denen in den Diskussionen zum Beispiel die Verletzung nicht sicherheitsrelevanter Bauvorschriften verstanden wurde.

Zum anderen wurde auch ein Mangel in die Definition des Sachschadens einbezogen, der noch keinen direkten materiellen Schaden verursacht hat. Die Notwendigkeit dafür ergab sich daraus, daß es in einigen Rechtsordnungen keinen Anspruch gibt, die Beseitigung eines Mangels zu verlangen, solange kein Schaden eingetreten ist.

12. Der Schadensersatz

Als Rechtsfolge spricht der Text von einer Art Nachbesserung und von Schadensersatz. Dabei soll Ersatz auch für unmittelbare Folgeschäden wie zum Beispiel Mietverluste, geleistet werden.

13. Fristen

Bei den Diskussionen herrschte insoweit Einigkeit, als zum einen der Bauherr, der den Rechtsweg beschreiten möchte, sich innerhalb eines Jahres seit der Mängelanzeige zur Klageerhebung entschließen müßte. Zum anderen herrschte Einigkeit, daß der Anspruch auch einer absoluten Verjährung unterliegen sollte.

Entsprechend den Vorgaben der EG-Kommission macht GAIPEC hierzu keinen Vorschlag, erwähnt aber die Frist von 5 Jahren, die nach einem Bericht der Schweizer Rückversicherung die Zeit ist, in der 85% der Baumängel entdeckt werden.

14. Die Abnahme

Zum Abschluß möchte ich noch kurz auf die Abnahme eingehen.

Das Abnahmedatum ist der Beginn der in dem GAIPEC-Text erwähnten Gewährleistungs- und Garantiefristen.

Die Abnahme erfolgt entweder ausdrücklich, d. h. in einem Abnahmeprotokoll oder stillschweigend, d. h. durch Verweigerung der Abnahme oder Untätigkeit des Auftraggebers trotz Aufforderung zur Abnahme.

Ein Problem in den Diskussionen war die Abnahme von Nachunternehmerleistungen durch den Hauptunternehmer. Aus Gründen der Praktikabilität des Systems der Gewährleistungssicherheit entschied eine Mehrheit, daß ein einheitliches Datum für den Beginn dieser Fristen festgesetzt werden müsse.

D. h., daß der Nachunternehmer, der seine Arbeit fertiggestellt hat, gegenüber seinem Hauptunternehmer einen Anspruch auf Abnahme seiner Leistungen hat. Der Hauptunternehmer seinerseits kann von dem Auftraggeber Abnahme dieser Arbeiten verlangen, soweit es sich um abnahmefähige Teilarbeiten handelt.

Die insoweit auftauchenden Probleme, daß Teilarbeiten bereits abgenommen sind, aber die Verjährungsfristen noch nicht laufen, da die das Gesamtbauwerk vollendende letzte Teilabnahme noch nicht erfolgt ist, soll durch die Vorschrift gelöst werden, daß der Hauptunternehmer mit allen anderen Baubeteiligten ein Datum für den Fristbeginn vereinbaren soll. Die Vertreter dieser Auffassung hielten dies für machbar.

15. Abschluß

Insgesamt gibt der GAIPEC-Text ein nur unvollständiges Bild der lebhaften Diskussionen und des intensiven Bemühens um Kompromisse. Auf der anderen Seite zeigt der Text deutlich, wie schwierig es ist, Vorstellungen aus unterschiedlichen Rechtsordnungen so zusammenzubringen, daß daraus nicht nur ein in sich konsequentes System entsteht, sondern das darüber hinaus auch unproblematisch in die bestehenden Rechtsordnungen eingefügt werden kann.

Haftung für Baumängel in den romanischen Ländern*)

von BERTRAND FABRE, Directeur d'affaires juridique et fiscales FNB

Als man mir dieses Thema vorschlug, war ich, das muß ich zugeben, sehr verwirrt durch den Begriff „romanische Länder" (oder romanischer Rechtskreis), der einem französischen Juristen nichts Genaues sagt.

Man könnte daraus etwas ableiten wie „die Länder des französischen Sprachraums" wie Frankreich, Belgien und der französisch sprechende Teil der Schweiz.

Darunter könnte man die Länder verstehen, deren Rechtssystem einen starken römischen Einfluß erfahren haben. In dieser Hinsicht wurden Frankreich und auch Deutschland beeinflußt, selbst wenn sich dies in jedem dieser Länder mit dem örtlichen Gewohnheitsrecht vermischt hat.

Nachdem ich darüber mit meinen Freunden vom Hauptverband der Bauindustrie gesprochen hatte, verstand ich, daß darunter jene Länder zu verstehen waren, deren Rechtssystem bezüglich der Gewährleistungspflicht des Bauunternehmers vom französischen System inspiriert oder wenigstens beeinflußt sind.

Die französischen Regelungen in Sachen Gewährleistungspflicht des Bauunternehmers sind im wesentlichen im *Code Civil* enthalten, d. h. im *Code Napoléon* von 1804, der in seiner Grundstruktur – auch wenn er seitdem zahlreiche Änderungen erfahren hat – unverändert erhalten geblieben ist.

Es ist daher nicht überraschend, ja sogar logisch, daß in den Ländern, in denen das System der Gewährleistungspflicht des Bauunternehmers vom französischen System inspiriert ist, genau jene sind, in denen das Zivilgesetzbuch vom *Code Napoléon* inspiriert ist.

Man kann sehr einfach eine Liste aufstellen, indem man zwischen zwei Typen der Staaten unterscheidet, nämlich:

- einerseits die Staaten, deren Staatsgebiet sich zum Zeitpunkt des Erlasses des französischen *Code Civil* (1804) unter französischer Verwaltung befanden und wo dieser Code automatisch zur Anwendung kam. Es handelt sich hauptsächlich um Luxemburg und Belgien, wobei in Belgien auch zwei Jahrhunderte später noch ein *Code Civil* in Kraft ist, der dem französischen erstaunlich nahe steht;

---

*) Auf der Tagung vom Autor in Französisch vorgetragen.

- andererseits gibt es Staaten, die, als sie in der zweiten Hälfte des 19. Jahrhunderts ihre Gesetze des allgemeinen Zivilrechts kodifizierten, ebenfalls weitgehend und spontan vom französischen Code ausgegangen sind. Es handelt sich im wesentlichen um Italien, Spanien und Portugal.

Daher findet man in all diesen Ländern ein Rechtssystem zur Gewährleistung des Unternehmers bei Baumängeln, das durch Grundelemente des französischen Systems gekennzeichnet ist.

Einige davon sollen kurz angesprochen werden, zumal der GAIPEC-Bericht diese in seinen Anlagen deutlich macht, z. B.:
- sind die Regelungen für die Bauabnahme identisch sowie die Folgerungen daraus, wie die Überleitung der Aufsicht über das Bauwerk, die Forderung der Restzahlung, oder der Zeitpunkt des Gewährleistungsbeginns;
- eine weitere Gemeinsamkeit sind die schwerwiegenden Mängel, für die eine verlängerte Gewährleistungsfrist vorgesehen ist und die im allgemeinen als diejenigen definiert sind, die die Solidität oder die fehlende Nutzbarkeit des Bauwerks betreffen.
- Bezüglich der Frist für die Gewährleistung bei schweren Mängeln haben die meisten dieser Länder die bekannte Zehnjahresfrist angenommen, d. h. 10 Jahre ab Bauabnahme. Dies ist in Spanien, Belgien, Luxemburg, natürlich in Frankreich und sogar in Griechenland der Fall.

Bei aufmerksamer Betrachtung der Systeme der Gewährleistungspflicht des Unternehmers in den verschiedenen Ländern stellt sich heraus, daß sie, wenn man sie auf französischen Einfluß zurückführen kann, gleichzeitig in zwei grundsätzlichen Punkten die strengsten sind:
- Einerseits ist das französische System das einzige, in dem die Gewährleistungspflicht des Unternehmers eine vorausgesetzte Verantwortung darstellt. Im Klartext heißt das, der Unternehmer gilt von vornherein als haftende Partei, sobald am fertigen Bauwerk ein Mangel auftritt. Er kann sich also nur freistellen, wenn es ihm gelingt, eine fremde Ursache nachzuweisen, d. h. einen Fall höherer Gewalt, wie z. B. ein außergewöhnliches Erdbeben. Mit anderen Worten, es ist vollkommen unwirksam, wenn ein Unternehmer nachweist, daß ihm kein Fehler unterlaufen ist, um sich von der Haftung zu befreien.
In diesem besonderen Punkt sind die anderen Länder dem französischen System nicht gefolgt, im Gegenteil. Im Falle eines Mangels am fertigen Bauwerk wird die Haftung des Unternehmers nicht vorausgesetzt. Er kann sich also von der Haftung dadurch befreien, daß er die fehlerfreie Ausführung nachweist.
- Andererseits ist das französische System schwerfälliger als die Systeme in den anderen Ländern, die es immerhin in einem zweiten Punkt

beeinflußt hat: Die Versicherung des Unternehmers. Die gesetzliche Verpflichtung besteht lediglich für den Hochbau unter Ausschluß der Erdarbeiten, wenn auch die übrigen Bestandteile beider Gewerke den gleichen Regelungen unterworfen sind. Die gesetzliche Verpflichtung zum Abschluß einer (Haftpflicht-)Versicherung betrifft zunächst den Bauherrn (Bauträger), der eine Schadens-(Haftpflicht)versicherung abschließen muß. Diese ist in Wirklichkeit die Garantie für eine schnelle Vorfinanzierung für notwendige Schadensbeseitigungen bei Mängeln, um so nicht abwarten zu müssen, bis rechtlich festgestellt wurde, wer haftbar ist. Die Pflichtversicherung betrifft selbstverständlich auch den Bauunternehmer, den Architekten und die technische Aufsicht. Hier handelt es sich um eine Gewährleistungsversicherung, durch die die Finanzierung der Arbeiten gesichert wird, die aufgrund der zehnjährigen Haftung anfallen.

Die Prämien für diese Versicherungen konnten dank der rationalisierten Mechanismen des Klageverfahrens zwischen den Schadensversicherern für Bauherren und den Haftpflichtversicherern der Unternehmer auf einem völlig vernünftigen Niveau gehalten werden. Der 1983 vollzogene Übergang von einem Verteilungssystem zu einem Kapitalisierungssystem bei den Versicherungen war ebenfalls ein Faktor zur Kostendämpfung, weil es unter den Versicherern zu einem steigenden Wettbewerb kam.

Was hält man nun von diesem System?

Man kann nicht sagen, daß wir davon hell begeistert sind, auch wenn sich die Unternehmer daran gewöhnt und auch angepaßt haben. Sehr schematisch gesehen hat das französische System Mängel in zwei Kategorien:

– zunächst ist es ein System der Haftungsaufweichung, das die Konstrukteure nicht dazu anhält, bei ihren Arbeiten auf Qualität zu achten. So führt die Voraussetzung der Haftung dazu, daß ein Mangel zu Lasten des Unternehmers und ein Mangel zu Lasten anderer vor dem Gesetz in Frankreich nicht unterschiedlich behandelt wird;
– dann wendet sich die französische Gesetzgebung in Sachen Unternehmerhaftung, wie sie sich aus Anpassungen im *Code Civil* durch das Gesetz vom 4. Januar 1978 ergibt, zu Konzepten, die rechtlich so unscharf sind, daß die Rechtsprechung in alle Richtungen zerfiel, was natürlich zu einer Rechtsunsicherheit führte, bevor das Pendel zu Interpretationen ausschlug, die stark vom Konsumerismus geprägt waren und eine zusätzliche Schwerfälligkeit in ein für die Unternehmer bereits belastendes System einbrachte. Zu diesen aufgeweichten und unscharfen Rechtskonzepten gehört z. B. der Begriff der „Impropriété à la destination" – die „mangelnde Eignung zur vorgesehenen Nutzung", oder auch die E.P.E.R.S. (Elements d'Equipement Pouvant Entraîner la

Responsabilité Solidaire: „Einrichtungsbestandteile, die zur Solidarhaftung führen können").

Dieser Begriff ist kein Rechtsbegriff, sondern stammt aus der Industrie, denn es scheint, daß man unter „Bestandteile" vorgefertigte Elemente im Bauwerk verstehen muß, wie Fassadenblöcke oder Naßzellen. Auf Antrag des „Ingénieur des Ponts" (Technischer Aufsichtsdienst), der im Gesetz von 1978 eingerichtet wurde, sind die Hersteller von „Einrichtungsbestandteilen" (von denen keiner genau weiß, was damit gemeint ist) gemeinschaftlich haftbar mit den auftraggebenden Unternehmern, sobald ein Baumangel auftritt, und damit zum Abschluß einer zweckgebundenen Sachversicherung verpflichtet.

Mir ist bewußt, daß die Beeinflussung eines Gesetzes durch einen Ingenieur für Deutsche sehr erstaunlich ist. Einer von ihnen hat mir kürzlich die Frage gestellt: „Würde ein Brückenbauingenieur über eine Brücke gehen, die ein Jurist gebaut hat?"

Mit dieser Feststellung und den Überlegungen dazu können wir uns fragen, ob eine Harmonisierung auf Gemeinschaftsebene für die Systeme der Unternehmerhaftung erforderlich ist. Rechtlich ist dies nicht notwendig, wirtschaftlich aber wünschenswert.

Das Kriterium für eine europäische Angleichung der nationalen Systeme ist dann erforderlich, wenn deren Unterschiede der Ursprung für Austauschhemmnisse und Wettbewerbsverzerrungen sind.

Es ist eindeutig, daß die nationalen Bestimmungen in den Mitgliedstaaten der EG im Bereich Unternehmerhaftung besonders divergent sind (insbesondere zwischen Deutschland und Frankreich). Es ist aber auch klar, daß diese Verschiedenheiten keine Wettbewerbsverzerrungen verursachen, weil auf einer Baustelle das Recht des Staates gilt, in dem diese sich befindet, und zwar für alle am Projekt Beteiligten, ohne Rücksicht auf deren Nationalität. Mit anderen Worten, ein deutsches Unternehmen, das in Frankreich tätig ist, unterliegt den gleichen Bestimmungen wie seine französischen Berufskollegen. Das französische Unternehmen, das in Deutschland arbeitet, unterliegt den deutschen Bestimmungen, genau wie seine deutschen Berufskollegen. Es gibt daher von dieser Seite keine Wettbewerbsverzerrung und somit keinen rechtlichen Bedarf für eine Harmonisierung auf Gemeinschaftsebene.

Somit ist es nicht einmal erforderlich, das Prinzip der Subsidiarität anzuführen, das bereits im Römischen Vertrag von 1957 impliziert war, bevor es in dem von Maastricht feierlich bestätigt wurde, und dessen eher vage Eigenart allein denen Vorteile verschafft, die jede Gemeinschaftsharmonisierung ablehnen, bevor sie überhaupt angefangen haben, über ein Problem nachzudenken.

Wenn also eine Harmonisierung der Gewährleistungssysteme der Bauunternehmen rechtlich nicht erforderlich ist, bleibt diese doch wirtschaftlich wünschenswert.

Die erste Reihe gemeinschaftlicher Harmonisierungsrichtlinien im Bauwesen bezog sich hauptsächlich auf Ausschreibungsregeln der öffentlichen Hand. Was hat das konkret geändert? Praktisch nichts, wie wir uns schon von Anfang an gedacht hatten. Denn man geht nicht in einen anderen Mitgliedstaat, um mit den dortigen Unternehmen in direkten Ausschreibungswettbewerb zu treten, sondern – ganz im Gegenteil – um sich mit den örtlichen Unternehmen zu vereinen. Die wirksamste Methode dieser Vereinigung besteht darin, sie einfach aufzukaufen.

So wurde bestätigt, wenn dies überhaupt noch nötig war, daß das Europa der Bauwirtschaft, das – an sich ein gemeinsames, von allen geteiltes Ziel – nicht durch die Regelung von Baukontrakten zustande kommt, in deren Rahmen Unternehmer und Bauherren ihre Beziehungen regeln.

Das Europa des Baus entsteht eher durch die Harmonisierung des allgemeinen rechtlichen Kontextes, in dem sich die Akteure des Bauwesens entwickeln.

In dieser Hinsicht, und ganz gleich wie groß und wie wichtig die Zahl der Richtlinien auf dem Markt der Gewerke ist, werden die Behörden tausendmal mehr für das Bau-Europa und für Europa im allgemeinen getan haben, wenn sie es endlich geschafft haben, einen Rechtsstatus für eine europäische Aktiengesellschaft zu errichten.

In diesem Geiste sagen wir auch, daß es einfach nicht seriös ist, von einem Europa des Bauwesens zu sprechen, während nationale Systeme koexistieren können, die in einem so grundlegenden Punkt wie der Gewährleistungspflicht der Bauunternehmen und der Gewährleistung für die von ihnen errichteten Bauwerke so disparat sind.

Es kann keinen funktionierenden Wirtschaftsraum geben ohne eine Homogenität seiner grundlegenden Institutionen und Mechanismen. Wenn es sich dabei um das Europa des Bauwesens handelt, sind wir der Auffassung, daß die Gewährleistung für Bauwerke zu den Grundmechanismen gehört.

Wie kommt man zu dieser Harmonisierung?

Der von den Gemeinschaftsbehörden bisher gewählte Weg, der erst kürzlich durch den Bericht der Experten des GAIPEC konkretisiert wurde, gibt Anlaß zu einer Reihe von Fragezeichen.

Sicher, wir haben nie verschwiegen, daß es zahlreiche Vorschläge von GAIPEC gibt, die uns als richtig erscheinen, weil sie uns auf europäischer

Ebene als eine Berichtigung des kritisierbarsten Punktes des französischen Systems erscheinen. Zum Beispiel würde im französischen System die sehr verantwortungsaufweichende Voraussetzung der Gewährleistungspflicht durch die Gewährleistungspflicht für nachgewiesene technische Mängel ersetzt; oder das ebenfalls französische und sehr unscharfe Konzept der nicht erreichten Nutzbarkeit, das durch eine Gewährleistung ersetzt würde, deren Inhalt besser durch den Hinweis auf die bekannten wesentlichen Forderungen der Bauproduktenrichtlinie definiert würde.

Aber der gleiche GAIPEC-Bericht enthält auch Vorschläge, die uns schlicht als potentiell sehr gefährlich erscheinen.

- Z. B. wird bestimmt, daß die Verantwortung des Konstrukteurs nur insoweit gegeben ist, als ihm sein technischer Fehler nachgewiesen wird. Der Bericht schließt aber sofort an, daß die einzelnen Gewerke anders entschieden werden können. Wenn man weiß, daß viele professionelle oder institutionelle Bauherren ihre Lastenhefte aufzwingen, erkennt man, daß diese Möglichkeit für Änderungen, die eine Aushöhlung des Sinns des ursprünglichen Grundsatzes bedeutet, allein zu Lasten des Unternehmers geht.
- Ein anderes Beispiel schwerwiegender Lücken des GAIPEC-Berichts ist der Vorschlag zur Auferlegung einer Schadensversicherung für bestimmte Bauherren, ohne umgekehrt den Abschluß einer Gewährleistungsversicherung für die Vertragsunternehmer zu verlangen. Es ist aber klar, daß eine Schadensversicherung nicht funktionieren kann, es sei denn zu horrenden Kosten, wenn die Schadensversicherer keine vernünftige Rückgriffsmöglichkeit gegen die Gewährleistungsversicherer haben.

Diese inhaltlichen Mängel des GAIPEC-Berichts werden durch ein außenstehendes Ereignis der jüngsten Zeit verschlimmert: den Vertrag von Maastricht.

Dieser Vertrag, dem das Bundesverfassungsgericht in Karlsruhe grünes Licht für die deutsche Ratifizierung gegeben hat, enthält eine sehr doppeldeutige Klausel über den Verbraucherschutz, wonach die nationalen Gesetzgebungen berechtigt sind, gesteigerte Anforderungen im Vergleich zu denen beizubehalten, die in den Richtlinien zum Verbraucherschutz bereits enthalten sind.

Diese Bestimmung gibt Anlaß zu widersprüchlichen Auslegungen bezüglich ihrer Anwendung auf die EG-Richtlinie, die aus den GAIPEC-Vorschlägen entwickelt werden könnte:

- Einige denken und bekräftigen im Brustton der Überzeugung, daß diese Richtlinie eindeutig vom Maastrichter Vertrag betroffen sei;

- andere meinen im Gegenteil, daß die evtl. aus dem GAIPEC-Bericht hervorgehende Richtlinie nicht von der Vertragsbestimmung betroffen sei; zum einen, weil diese Richtlinie ebensogut die professionellen und institutionellen Bauherren wie die Verbraucher betrifft, zum anderen, weil das direkte Ziel nicht der Verbraucherschutz, sondern die sehr heikle Arbeit an einer EG-Harmonisierung der bestehenden nationalen Rechtsmechanismen sei.

Diese zweite Interpretation erscheint uns sinnvoller zu sein. Es wäre aber außerordentlich wünschenswert, daß eine klare Interpretation durch die Behörden der Gemeinschaft gegeben wird, denn wir können kein Risiko eingehen, solange diese widersprüchliche Interpretation besteht.

Um welches Risiko handelt es sich?

Es besteht die Gefahr, daß wir uns mit einem System wiederfinden, das noch schwerfälliger ist als das geltende französische. Es wird tatsächlich eine 10-Jahres-Gewährleistung beibehalten, denn das nationale Recht kann eine strengere Forderung beibehalten, als sie die europäische Richtlinie verlangt, indem sie sich auf 5 Jahre festlegt. Der Inhalt der Gewährleistung wird jedoch beschwert, weil der Bezug auf wesentliche Anforderungen eine bestimmte Steigerung des Inhalts im Vergleich zu den Anforderungen des bestehenden französischen Rechts enthält.

Nach unserer Ansicht fußten die GAIPEC-Vorschläge auf einer übereinstimmenden Logik, weil die relative Steigerung des Inhalts der Gewährleistung im Gegenzug eine Verkürzung der Frist auf fünf Jahre beinhaltet.

Diese Frist von fünf Jahren entspricht dem, was alle Fachleute übereinstimmend als einen Zeitraum anerkennen, über den hinaus es nicht mehr sicher festzustellen ist, ob ein auftretender Mangel am Bauwerk seinen Ursprung in einem, dem Unternehmer anzulastenden Fehler bei der Ausführung hat, in einem Wartungsfehler oder in der Abnutzung durch die Benutzer oder aber, ob eine Mischung aus beidem vorliegt.

Hinzu käme, daß eine solche Gewährleistungsfrist die Bauherren dazu veranlassen könnte, eine gesunde Entwicklung der Pflege und Wartung des Bauwerks zu sichern und die Unternehmen dazu zu bewegen, bei ihrer Gewährleistung stärker auf qualitative Gebäudeverwaltung abzuheben.

Solange wir nicht sicher sein können, daß diese innere Logik berücksichtigt wird, worunter auch die Vorschläge des GAIPEC-Berichts fallen, wird es uns schwer fallen, uns dazu zu äußern.

Einige Mitgliedstaaten der EG, die so wie wir die Notwendigkeit der Angleichung der grundlegenden Rechtsmechanismen aus einfacher wirtschaftlicher Vernunft anerkennen, lehnen den Weg der Richtlinie zugunsten von Standardverträgen ab.

Wir sind mit ihnen der Meinung, daß dies der Weg einer gesicherten Einhaltung des Subsidiaritätsprinzips und sein liberaler Charakter gleichzeitig erfreulicher ist.

Trotzdem scheint mir der Weg über den Standardvertrag aus vier verschiedenen Gründen nicht einhaltbar zu sein:

- Zunächst zwingt uns die Erfahrung festzustellen, daß keiner der bisher in den letzten Jahren entwickelten Standardverträge den Anfang einer Anwendung in den Mitgliedstaaten gefunden hat.
- Danach bringen es die Kräfteverhältnisse in der Bauwirtschaft mit sich, daß professionelle und institutionelle Bauherren den Unternehmen ihre Lastenhefte aufzwingen. In Frankreich sind alle öffentlichen Ausschreibungen einem Vertragsmodell unterworfen, das vom Wirtschaftsministerium vorgegeben ist und dem sich die Unternehmen lediglich unterwerfen können.
- Außerdem nimmt uns die öffentliche Art vieler nationaler Rechtsbestimmungen, d. h. die Unmöglichkeit vertraglicher Änderungen, von vornherein jede Möglichkeit, einen europäischen Standardvertrag operationell zu gestalten. Hier gilt: Entweder stellt der Standardvertrag höhere Ansprüche an den Unternehmer als die nationale Gesetzgebung, und das Unternehmen ist dann nicht bereit, sich auf dieser Basis einzulassen; oder der Europa-Vertrag ist weniger anspruchsvoll für den Unternehmer als die nationale Gesetzgebung, und der Unternehmer ist trotzdem gezwungen, sich, wegen ihres öffentlichen Charakters, nach der Gesetzgebung zu richten.
- Schließlich kann ein echter Europa-Vertrag solange nicht ausgearbeitet werden, wie er sich nicht auf vereinheitlichte Regeln des allgemeinen Zivilrechts stützen kann. Hier ist der Punkt, wo wir die Gelegenheit der Intervention durch eine Harmonisierungsrichtlinie für die Regeln, insbesondere für den Bereich der Gewährleistung, wiederfinden. In dieser Hinsicht ist es absolut erstaunlich, daß diejenigen, die ständig nachdrücklich das Argument der Gegensätzlichkeit der nationalen Zivilgesetzbücher einbringen, um jeglichen Gedanken an eine EG-Richtlinie zur Harmonisierung der Gewährleistungspflicht der Unternehmer beiseite zu schieben, gelegentlich die gleichen Personen sind, die statt dessen vertragliche Standardklauseln auf europäischer Ebene vorschlagen. Wenn die mangelnde Harmonisierung der allgemeinen Regeln des Zivilrechts ein Hindernis für die Ausarbeitung einer EG-Richtlinie zur Gewährleistungspflicht des Unternehmers wäre, wäre dies doch um so mehr der Fall für die Ausarbeitung von europäischen Standardvertragsklauseln.

Letzten Endes kann die Verschiedenheit der Zivilgesetzbücher kein Hindernis für eine Harmonisierungsrichtlinie sein, denn gerade diese anfängliche Verschiedenheit ist eine Rechtfertigung für die Einsetzung einer Richtlinie, deren Ziel genau die Abschaffung dieser Divergenzen ist, indem auf europäischer Ebene vorher bestehende nationale Regeln harmonisiert werden.

Es bedarf natürlich zuvor der Zusammenfassung verschiedener notwendiger Bedingungen, damit diese Harmonisierung für die betroffenen Kräfte in der Wirtschaft annehmbar sind. Wir haben allerdings festgestellt, daß dies im Bereich der Gewährleistungspflicht der Unternehmer noch nicht ganz der Fall ist.

Europäisches Bauvertragsrecht: Position der Bundesregierung

von Ministerialrat EDWIN FRIETSCH, Bundesministerium der Justiz

1. Einleitung

Die neuen Ideen aus der Kommission – soweit sie schriftlich vorliegen – dürften erste Überlegungen sein. Sie scheinen weder kommissionsintern abgestimmt noch gar beschlossen zu sein. Sie sind wohl als Versuch zu betrachten, vorhandenes Gedankengut der zuständigen Generaldirektion zu ordnen und zu hinterfragen. Jedenfalls sollen und müssen sie im Zusammenhang mit dem Richtlinien-Vorschlag für eine allgemeine Dienstleistungshaftung gesehen werden.

2. Der Vorschlag zur allgemeinen Dienstleistungshaftung

Die Kommission hält eine Harmonisierung der Dienstleistungshaftung für erforderlich und hat aus diesem Grund Anfang 1991 dem Rat einen Vorschlag für eine „Richtlinie des Rates über die Haftung bei Dienstleistungen" zugeleitet. Im wesentlichen wird folgendes vorgeschlagen, wobei das „Bauwesen" ausdrücklich – und ich betone: dem Wortlaut nach bis heute – in den Vorschlag einbezogen ist:

(1) Unabhängig von einem vertraglichen Verhältnis zwischen dem Geschädigten und dem Schädiger soll der Dienstleistende für den Schaden, der aufgrund einer Dienstleistung an Körper, Gesundheit oder an privat genutzten Sachen entsteht, im Rahmen einer Verschuldens-Haftung verantwortlich gemacht werden können und Ersatz leisten müssen.

(2) Wesentlich für diese „Verschuldens"-Haftung ist die vorgeschlagene Umkehrung der Beweislast zugunsten des Geschädigten: Soweit der Geschädigte seinen Schaden und die Kausalität zwischen diesem Schaden und der Dienstleistung beweist, soll der Dienstleistende die Beweislast für ein nicht vorhandenes Verschulden (Negativbeweis), letztlich also für die Fehlerfreiheit seiner Dienstleistung tragen.

(3) Der Vorschlag bezieht sich auf Dienstleistungen in einem extrem weiten Sinne und betrifft nicht nur den Dienst- oder den Werkvertrag. Erfaßt wird im Grundsatz jede gewerbliche, kaufmännische, handwerkliche, freiberufliche oder sonstige wirtschaftliche Tätigkeit, sei sie unentgeltlicher oder entgeltlicher Natur. Vom Anwendungsbereich sollen

nur einige besonders erwähnte Dienstleistungsbereiche, die hier nicht von Interesse sein dürften, ausgeschlossen sein.

(4) Im übrigen ist gerade für das „Bauwesen" in diesem Vorschlag eine bemerkenswerte Regelung enthalten: Die Fristen für das Erlöschen der Ansprüche eines Geschädigten und für die Verjährung des Schadensersatzanspruchs sollen auf 20 bzw. 10 Jahre festgesetzt werden, während die entsprechenden Fristen für die anderen Dienstleistungen 5 bzw. 3 Jahre betragen sollen.

Dieser Richtlinien-Vorschlag ist von der Bundesregierung abgelehnt worden, da ein Bedarf nicht ersichtlich ist und die vorgesehenen Regelungen zudem ganz erheblich in das Gefüge des deutschen Haftungsrechts eingreifen würden. Primär will der Vorschlag eine „Einheits"-Haftung statt differenzierter Haftungsregelungen für die einzelnen und unterschiedlichen Dienstleistungsbereiche einführen. Insgesamt droht er, unser gewachsenes und bewährtes System zu zerstören, da er zum einen anstelle von Gewährleistung (Nachbesserung bei fehlerhafter Dienstleistung) sofort den Anspruch auf Schadensersatz geben möchte; zum anderen nimmt er auf die Privatautonomie, also auf die Freiheit zur vertraglichen Gestaltung der rechtlichen Beziehungen, der im Dienstleistungsverhältnis große Bedeutung zukommt, praktisch keine Rücksicht, da es nicht möglich sein soll, vertragsrechtlich die Haftung zu modifizieren oder gar abzubedingen.

Wir meinen, daß ein derartiges Regelwerk in seiner Regelungsweite gegen das gemeinschaftsrechtliche Prinzip der Subsidiarität verstößt und seinem Regelungsgehalt nach weder im Interesse des Binnenmarktes noch im Interesse eines verbesserten Verbraucherschutzes erforderlich oder dienlich ist.

3. Der „GAIPEC-Vorgang"

3.1 Vorbemerkung

Wenn man dies alles berücksichtigt, sollte klar werden, daß die Kommission auf jeden Fall eine Harmonisierung für den Dienstleistungsbereich anstrebt, auch und gerade für das Bauwesen. Dies erstaunt uns zwar, zumal die Mitgliedstaaten schon am 25. Oktober 1990 in der sogenannten GRIM-Arbeitsgruppe bei der Kommission sich – wenn auch nur mehrheitlich, jedenfalls aber eindeutig – aus grundsätzlichen Erwägungen gegen eine Kodifikation des Bauvertragsrechts ausgesprochen haben. Aber die Kommission vertritt hier wohl die Auffassung: Steter Tropfen höhlt den Stein! Wir müssen also Farbe bekennen und sollten uns auf jeden Fall auf Aktivitäten einstellen, die über das derzeitige Reflexionspapier der EG-Kommission hinausgehen, wohl noch nicht morgen, vielleicht aber schon übermorgen. Vielleicht wird sich die Kommission dann wundern – oder ärgern – wie hart dieser erwähnte Stein ist. Wir sollten dabei auch nie vergessen, daß die Kommission nur Vorschläge macht; die Entscheidungen fallen im Ministerrat, und dort haben die Mitgliedstaaten das „Sagen".

3.2 Die Abstimmung innerhalb der Bundesregierung

In diesem Zusammenhang noch eine wichtige Vorbemerkung: Ich habe deutlich gemacht, daß die Bundesregierung eine eindeutige und abgestimmte Haltung gegenüber dem Richtlinien-Vorschlag für eine Dienstleistungshaftung hatte und weiterhin hat. Mit Blick auf das Reflexionspapier zum GAIPEC-Bericht und in bezug auf diesen Bericht selbst gibt es bisher noch keine abgestimmte Haltung. Dies liegt nicht etwa daran, daß wir uns innerhalb der Bundesregierung nicht einigen könnten. Der Grund ist einfach: Wegen einer Vielzahl anstehender anderer Probleme muß man Prioritäten setzen; und ein Reflexionspapier, das man nicht unterschätzen, keinesfalls aber überschätzen sollte, hat derzeit nicht die höchste Priorität, zumal uns die (unechte) Stellungnahmefrist in diesem Verfahren noch etwas Zeit zur Äußerung läßt.

3.3 Der GAIPEC-Bericht

Betrachten wir nun die neuen Vorstellungen im GAIPEC-Bericht, die allerdings bisher wohl noch nicht von der Kommission übernommen, sondern nur von der zuständigen Generaldirektion III zur Diskussion gestellt werden. Ich möchte nun nicht alles wiederholen, sondern nur das aus meiner Sicht Wesentliche ansprechen:

(1) Das Baugeschehen oder Bauwerk wird nicht als eine Summe einzelner Werkverträge mit jeweils fest umrissenem Vertragsgegenstand gesehen, sondern eher als eine Art gesetzlicher Haftungsgesamttatbestand, in dessen Rahmen jeden „Baubeteiligten" eine – seinem „Verschulden" entsprechende – individuell im Einzelfall festzustellende Teilhaftung trifft.

(2) Die Rechtsbehelfe der Wandlung und Minderung sollen offenbar vollständig entfallen; es scheint nur noch die Nachbesserung und den Schadensersatz geben zu sollen.

(3) Die vom deutschen Recht her geläufige Unterscheidung zwischen objektiver Gewährleistungshaftung und verschuldensabhängiger Schadensersatzhaftung scheint zugunsten einer reinen Schadensersatzhaftung aufgegeben zu sein.

(4) Den *Besteller* (Auftraggeber) soll die Pflicht treffen, eine Gewährleistungssicherheit zu stellen (Artikel 14 ff. des GAIPEC-Berichts). Dabei handelt es sich wohl um eine Art Bauschadensversicherung, die

augenscheinlich alle denkbaren „Schäden" und „Mängel" abdecken soll.

Sehr auffällig ist gerade der zuletzt genannte Punkt, d. h. die Pflicht des Bestellers, sich gegen Mängel und Schäden selbst zu versichern. Diese Betrachtungsweise der Verantwortung beim Bau stellt die Dinge aus der Sicht des deutschen Schuldrechts auf den Kopf und ist nur schwer nachzuvollziehen. Es ist kaum zu vermitteln und zu verstehen, daß der Besteller für eine Bauleistung, die er selbst zu bezahlen hat, auch noch eine Gewährleistungssicherheit stellen soll, d. h. eine Versicherung zu seinen eigenen Gunsten abzuschließen hätte. Eine derartige Versicherung gibt es in Deutschland offensichtlich bisher noch nicht.

Das gesamte Konzept begegnet deshalb nicht nur aus schuldrechtlicher Sicht erheblichen Bedenken. Auch aus der Sicht des Versicherungsrechts kommt keine Freude auf: Die in den Artikeln 14 ff. des Berichts zugrunde liegende Konzeption, als Geschädigter für seinen eigenen Schadensersatzanspruch durch Sicherheitsleistung zu haften, entspricht zwar dem weit verbreiteten Wunsch, Haftung durch Versicherungsschutz zu ersetzen, hat aber weder etwas mit Haftungs- noch mit Versicherungsrecht zu tun und kann unter rechtlichen und volkswirtschaftlichen Gesichtspunkten kaum ernstgenommen werden.

3.4 Einzelne Kritikpunkte

In dem vorgegebenen Rahmen kann natürlich nicht jeder wichtige Punkt angesprochen werden. Ich möchte mich deshalb auf einige wesentliche Kritikpunkte beschränken.

3.4.1 Der Bedarf – Die Subsidiarität

Zunächst muß man einen Harmonisierungsbedarf anzweifeln, auch wenn ich deshalb nicht sofort das „Reizwort" der Subsidiarität in den Raum stellen möchte.

(1) Vorab bleibt festzustellen, daß mit Erlaß der Bauproduktenrichtlinie und der Vergaberichtlinien die notwendigen Grundlagen geschaffen sind, um den freien Binnenmarkt auch im Baubereich realisieren zu können.

(2) Unterschiedliche Anforderungen an das Baugeschehen selbst oder verschiedenartige gesetzliche Vertragsvorschriften verhindern die Verwirklichung des Binnenmarktes nicht. Zwar mag das Vorhandensein unterschiedlicher Rechtssysteme eine gewisse Erschwerung für den jeweiligen ausländischen Anwender sein; behindert wird dadurch der freie Verkehr der Dienstleistung jedoch solange nicht, als der aus-

ländische Dienstleistende gegenüber dem inländischen nicht wegen des Auslandsbezugs speziell benachteiligt wird. Unterschiedliche Gewährleistungsfristen, Haftungskriterien und Versicherungspflichten stellen ebenfalls keine tatsächlichen Probleme, etwa unter dem Aspekt des Wettbewerbs dar, solange für jeden Dienstleistungserbringer die am Ort der Leistung gestellten Anforderungen gelten.

(3) Auch der Verbraucherschutz zwingt zu keiner anderen Erkenntnis: Die Qualität z. B. des errichteten Gebäudes und die Vermeidung von Mängeln hängt – da die Verpflichtung zu vertragsmäßiger Erbringung der Leistung und zur „Gewährleistung" für vertragswidrige Leistungen wohl überall in der Gemeinschaft existiert – primär von den technischen Fähigkeiten, der Sorgfalt und der wirtschaftlichen Zuverlässigkeit der mit Planung und Ausführung befaßten Verantwortlichen ab. Sonstige vertragliche Regelungen, die im Kern nun gesetzlich festgeschrieben werden sollen, insbesondere die Harmonisierung von Gewährleistungs- und Haftungsvorschriften, dürften in diesem Zusammenhang nur wenig zum Verbraucherschutz beitragen. In jedem Fall müßten hier erst einmal einzelstaatliche Defizite aufgezeigt und dann zielgerichtet mit Blick auf etwaige „schwarze Schafe" unter den Staaten, z. B. durch eine Empfehlung nach Art. 189 des EWG-Vertrags vorgegangen werden. Solange der Verbraucher in diesen Fällen gegenüber jedem Dienstleistungserbringer – egal aus welchem Mitgliedstaat dieser kommt – sein eigenes „Verbraucherrecht" anwenden und durchsetzen kann und dieses Recht interessengerechte Lösungen bietet, ist nicht einzusehen, wozu eine Harmonisierung dienlich sein sollte.

3.4.2 Der Vergleich mit dem deutschen Recht

Ganz nüchtern betrachtet kann man feststellen, daß viele Regelungen, insbesondere die Haftungsregelungen, wie sie im GAIPEC-Bericht vorgeschlagen sind, im Grundansatz dem deutschen Recht fremd oder mit ihm nicht zu vereinbaren sind.

(1) Völlig aus unserem Rahmen fällt z. B. der gesetzliche Übergang aller vertraglichen Haftungs- und Gewährleistungsansprüche auf den jeweiligen Grundstückseigentümer (Teil B Ziffer 4 [S. 8 GAIPEC-Bericht]).

(2) Auch die „Gewährleistungssicherheit" (Teil A Nr. 13 [S. 7 GAIPEC-Bericht] und Teil E Artikel 14 ff. [S. 20 ff. GAIPEC-Bericht]), mit welcher der Bauherr sich auf eigene Kosten gegen die von den Baubeteiligten verursachten Sach- und Personenschäden versichern kann oder muß, ist für uns exotisch. Liest man dann noch etwas von einem ins Ermes-

sen des Sicherungsgebers gestellten „Selbstbehalt" (Artikel 24 [S. 25 GAIPEC-Bericht]), werden dunkle Ahnungen wach gerufen. Was hier Verbraucherschutz sein soll, entzieht sich meiner Vorstellungskraft. Das Reflexionspapier (S. 10) verweist in diesem Zusammenhang auch zu Recht darauf, daß derartige finanzielle Garantien „sehr selten" sind und wohl bisher nur in Frankreich – mit welchem Erfolg und zu welchen Kosten? – praktiziert werden.

(3) Die Vorstellungen scheinen auch keine verschuldens*un*abhängige Erfolgshaftungen für die ordnungsgemäße Erfüllung der Werkleistung vor ihrer Abnahme anzuerkennen.

(4) Befremden muß auch, daß die Beweislastverteilung der freien vertraglichen Vereinbarung unterliegen soll (Artikel 8 [S. 15 GAIPEC-Bericht]), wenn auch zunächst von dem Grundsatz ausgegangen wird, daß der Anspruchsteller die Beweislast für das Verschulden (im Sinne der objektiven Pflichtwidrigkeit und/oder im Sinne der subjektiven Vorwerfbarkeit?) zu tragen habe.

(5) Neu wäre auch, daß die Geltendmachung von Gewährleistungsansprüchen davon abhängen soll, ob man diesen Anspruch innerhalb einer selbständigen Frist – „Rügefrist" – erhoben hat (Artikel 10 Nr. 4, Artikel 12 [S. 17f. GAIPEC-Bericht]). Im übrigen scheinen gerade in Artikel 10 (Haftungsausschlußgründe) sich einige Fußangeln zu befinden, die jedenfalls den Verbraucher sogar schlechter stellen als er bisher im deutschen Recht gestellt war.

(6) Aber auch die Haftenden dürften nicht glücklich sein. Betrachten wir nur Artikel 9 (S. 16 GAIPEC-Bericht). Jedenfalls fällt die in vielen Fällen für die Verantwortlichen positive gesamtschuldnerische Haftung weg, die man auch unter dem Aspekt sehen sollte, daß geteiltes Leid oft nur halbes Leid ist. Die auf den ersten Blick von manchen positiv eingeschätzte strikt individuelle Haftung wird aber mit Sicherheit zu erheblichen Aufklärungskosten führen und zudem dazu verleiten, die diesbezügliche Beweislast entsprechend der Möglichkeit des Artikels 8 (S. 15 GAIPEC-Bericht) zugunsten des geschädigten Verbrauchers umzukehren.

(7) Gerade in diesem Kreis ist natürlich auch das zeitliche Moment der Verantwortlichkeit von großem Interesse: Hierzu sieht Artikel 13 (S. 19 GAIPEC-Bericht), der für mich vom Inhalt her etwas verwirrend formuliert ist, vor:
– Eine auf Gewährleistung gestützte Klage unterliegt einer Verjährungsfrist von einem Jahr, beginnend mit der tatsächlichen oder der möglichen Mängelanzeige.
– Die Klage muß innerhalb von fünf Jahren ab Abnahme erhoben werden.

Bleiben wir bei den fünf Jahren, so klingt das im Lichte unseres geltenden § 638 BGB gar nicht so schlecht. Aber: Nach Artikel 6 Nr. 1 (S. 14 GAIPEC-Bericht) ist für den Fristbeginn die letzte Abnahme des Werkes, sofern mehrere (Teil-)Abnahmen erfolgen, maßgebend. Ich sehe da mit Interesse die besondere Schwierigkeit des nur ganz am Anfang tätigen Mitherstellers des Bauwerks oder des Architekten, für dessen Leistung eine Abnahme im GAIPEC-Bericht wohl überhaupt nicht vorgesehen ist.

(8) Letztlich kann auch festgestellt werden, daß die Ausgestaltung und die Rechtsfolgen der Abnahme (Artikel 1 ff. [S. 9 GAIPEC-Bericht]) dem geltenden deutschen Recht nicht entsprechen.

4. Bewertung

Die Tatsache, daß ein EG-Vorschlag dem eigenen Recht widerspricht, ist für sich betrachtet kein durchschlagendes Argument, um ihn auf EG-Ebene erfolgreich abzulehnen. Im Gegenteil – bei einer derartigen Konstellation wird daraus oft gerade der Schluß gezogen, daß die darin sich ausdrückende Unterschiedlichkeit – die meist auch im Vergleich zu den nationalen Rechten der anderen Mitgliedstaaten festgestellt werden kann – nach Harmonisierung rufe. Trotzdem meine ich, daß eine Bewertung anhand des eigenen Rechts Ausgangspunkt sein muß und sein darf. Daraus können – unter besonderer Berücksichtigung der eigenen Rechtstradition und Rechtspraxis – auch Erkenntnisse geschöpft werden mit Blick auf die Praktikabilität und in bezug auf die Ausgewogenheit eines Vorschlags. Völlig richtig schreibt insoweit auch die Kommission in ihrem Papier (S. 9):

„..., daß Bürger und Wirtschaftsteilnehmer in ihrer Mehrheit sehr zu Recht ihrem nationalen Rechtssystem verbunden sind".

Selbst wenn man aber zudem die Bedarfsfrage – die für sich betrachtet zu einer ablehnenden Reaktion führen müßte – offen läßt, stellt sich für den Verantwortlichen in meiner Situation bei dieser Vielfalt von Veränderungen – sowohl zu Lasten der Verbraucher als auch zu Ungunsten der Dienstleistungserbringer –, bei den vielen Unklarheiten bis hin zu Ungereimtheiten die Frage:

Gibt es denn derart viele Vorteile bei der Anwendung eines neuen Systems auf der vorgeschlagenen Basis, daß man ein oder zwei Augen zudrücken könnte?

Ich antworte ganz deutlich:

Soweit bereits jetzt eine Bewertung möglich ist – und vorbehaltlich der formellen Abstimmung auf der Ebene der Bundesressorts –, sehen wir keine deutlichen Vorteile aufgrund eines solchen Regelungswerkes. Wir können uns *weder* mit dem Gedanken einer Harmonisierung in diesem Bereich überhaupt, *noch* mit den bekannt gewordenen Ideen für eine solche Harmonisierung anfreunden. Sie stehen mit unserem Verständnis von interessengerechten, von ausgewogenen gesetzlichen Bestimmungen nicht in Einklang, und sie gehen über das hinaus, was wir uns als erforderliche Regelungsdichte vorstellen.

Ich bitte, dies allerdings nicht falsch zu verstehen: Wir alle wollen das gemeinsame Europa, also auch den gemeinsamen Markt, den Binnenmarkt. Wir sind uns auch einig, daß ein solcher Markt u. a. gleichartige wettbewerbliche Rahmenbedingungen benötigt; dies beinhaltet ohne Frage in vielen Bereichen das Bedürfnis nach Harmonisierung von Rechtsvorschriften. Deutschland wird sich solchen Bedürfnissen nicht verschließen, wann und wo immer ein derartiger Harmonisierungsbedarf erkennbar *und erforderlich* wird, sofern rechtliche Lösungen angestrebt werden, die eine reibungslose und vernünftige Funktion gewährleisten.

Es bestehen jedoch größte Zweifel, ob es auf dem angesprochenen Gebiet einen (dringenden) Harmonisierungsbedarf gibt. Falls ja, sind jedenfalls die artikulierten Ideen nicht geeignet, die bestehende Rechtskultur zu wahren und eine auf Interessenausgleich bedachte Situation zu erhalten.

Lassen Sie mich mit einem Zitat aus dem Bericht der EG-Kommission schließen. Diese hat ausgeführt (S. 9 unten):

„Das Baurecht, insbesondere die Haftung der Baubeteiligten, ist nämlich ein tief im Recht eines jeden Mitgliedstaates verwurzeltes Element. Eine Änderung, sei sie auch noch so gering, könnte zu Erschütterungen führen, deren Auswirkungen nicht abzusehen sind."

Diese Erkenntnis können wir voll mittragen. Wir beobachten deshalb mit großem Interesse, wenn nicht gar mit Argwohn, die weitere Entwicklung und werden zu gegebener Zeit formell, aber wohl kaum zustimmend, reagieren.

Bauhaftung im anglo-amerikanischen Rechtskreis

von Rechtsanwalt Dr. CHRISTIAN WIEGANDT, Hamburg

In den anglo-amerikanischen Rechtssystemen ist das Recht der schuldrechtlichen Leistungsstörungen entscheidend geprägt durch einen besonderen – von den kontinentalen Rechtsordnungen stark abweichenden – Blickwinkel, unter dem das vertragliche Schuldverhältnis betrachtet wird. Das macht zunächst einige Vorbemerkungen erforderlich:

Da im Vordergrund der nachfolgenden Ausführungen die Herausarbeitung der andersartigen Haftungs-Grundstrukturen des Common Law stehen soll, wird aus dem weiten Feld denkbarer Bauhaftungsvariationen die Haftung für Baumängel, das, was wir als Gewährleistung bezeichnen, im Mittelpunkt stehen. Anders Haftungsaspekte müssen zurücktreten.

Dabei soll in zwei Hauptteilen vorgegangen werden:

Bauhaftung ist Vertragshaftung. Da sich das angelsächsische Vertragsverständnis von unserem Verständnis des Schuldvertrages und von unserem System der Leistungsstörungen wesentlich unterscheidet, ist zunächst zu klären:

1. Wie sieht das Common Law den schuldrechtlichen Vertrag und die Leistungsstörung?
2. Worin besteht die Vertrags*haftung* nach Common Law?
3. Wie sehen die Rechtsgrundlagen der Bauhaftung im angelsächsischen Recht aus?

In einem zweiten Teil soll dann in concreto anhand von drei typischen Beispielen aus dem angelsächsischen Recht der Standard-Bauvertragsbedingungen dargelegt werden, wie die Einstandspflicht für Baumängel im einzelnen geregelt ist; daraus werden sich dann einige Schlußfolgerungen ableiten.

Notwendig erscheint eine Warnung vor Mißverständnissen:

Obwohl – wie wir sehen werden – im angelsächsischen Bauhaftungsrecht die praktischen Lösungsergebnisse sich oft durchaus mit unseren Regeln des Werkvertragsrechts und der §§ 12 und 13 VOB/B vergleichen lassen, sollten daraus keine falschen Schlußfolgerungen gezogen werden. Unser Bürgerliches Recht einerseits und das Common Law andererseits finden auf sehr unterschiedlichen Wegen zu Ergebnissen.

Letzte Vorbemerkung:

Fast ein Drittel der Weltbevölkerung lebt heute in Gebieten, deren Recht vom Common Law geprägt ist, ein Erbe des britischen Empire. Von Nordamerika über Indien, Australien, Neuseeland bis in weite Gebiete des afrikanischen Kontinents und Südostasiens, in Kanada, Pakistan, in Südafrika, Ghana, Nigeria, Kenia, Uganda und Tansania bestimmen heute noch englische Rechtstraditionen und englisches Rechtsdenken juristische Theorie und Praxis – ungeachtet aller Weiterentwicklungen[1]). Es kommt ein Weiteres hinzu: kein Rechtssystem unserer Tage hat so tiefreichende historische Wurzeln wie das Common Law. Es ist im Laufe seiner Geschichte vom römischen Recht nur am Rande berührt worden. Und die auf die französische Revolution von 1789 folgenden nationalen Kodifikationen des Privatrechts haben diese Traditionen nicht erschüttern können[2]). Beides – die Weltgeltung und die jahrhundertealte Tradition des Common Law – sind Fakten, die bei dem Projekt einer etwaigen EG-Privatrechtsangleichung in vielfältiger Hinsicht Probleme aufgeben.

1. Der schuldrechtliche Vertrag im Common Law

Keine besonderen Abweichungen findet man beim Zustandekommen und bei den Formalitäten von Verträgen im Common Law. Auch hier entstehen vertragliche Verpflichtungen durch zwei übereinstimmende Willenserklärungen (Offer and Acceptance) und bis auf die Ausnahme von Grundstücksverträgen und Wirtschaftsverträgen sind Verträge formlos gültig.

Unterschiede existieren hinsichtlich der Verjährungsfrage zwischen mündlichen Verträgen, bei denen Ansprüche in sechs Jahren verjähren, und sog. "deeds", d.h. Verträgen, die schriftlich abgeschlossen und in Gegenwart eines Zeugen unterschrieben worden sind, was für die meisten Bauverträge gelten dürfte; Ansprüche aus solchen "deeds" verjähren in zwölf Jahren.

Fundamentale dogmatische Unterschiede ergeben sich aber im Verständnis eines Vertrages, soweit es um den Inhalt einer schuldrechtlichen Verpflichtung geht. Daraus ergeben sich prinzipielle Unterschiede auch im Recht der Leistungsstörungen, insbesondere hinsichtlich dessen, was wir Gewährleistung bei Bauverträgen nennen.

Im deutschen Schuldrecht bestimmt § 241 BGB: „Kraft des Schuldverhältnisses ist der Gläubiger berechtigt, von dem Schuldner eine Leistung zu fordern." In dieser Definition, die als Korrelat des Forderungsrechts des Gläubigers die Pflicht des Schuldners zur Leistungserbringung einschließt, ist ein zweites, begriffswesentliches Moment als selbstverständlich nicht erwähnt: die staatliche Sanktion, die hinter der Leistungspflicht steht. Wir gehen im BGB davon aus, daß der Abschluß eines Schuldvertrages für jede Partei bestimmte Verhaltenspflichten mit sich bringt. Sie hat

---
[1]) ZWEIGERT/KÖTZ: Einführung in die Rechtsvergleichung, Bd. I., 1984, S. 210f.
[2]) ZWEIGERT/KÖTZ a. a. O. S. 211.

etwas ganz Bestimmtes zu tun oder zu unterlassen und kann dazu notfalls durch Klage gezwungen werden. Nach einem deutschen Schuldverhältnis entsteht ein Anspruch, der unmittelbar auf die Leistung zielt und der durch Verurteilungsklage mit anschließender Vollstreckung erzwingbar ist. Es gilt das Prinzip der Naturalvollstreckung[3]).

Anders das Common Law. Hier wird der Schuldvertrag stets als ein Garantieversprechen aufgefaßt, der dem Gläubiger, falls der versprochene Erfolg vom Schuldner nicht herbeigeführt wird, grundsätzlich *nur* einen Schadensersatzanspruch wegen "breach of contract", wegen Nichteinhaltung der vertraglich übernommenen Garantie gewährt. Wesentlich ist dabei: die „Schuld" ist nicht nur nicht vollstreckbar, sie kann auch nicht eingeklagt werden. So sind z. B. Geldschulden, solange sie nicht die spezifische Form der debt annehmen, und das ist bei Leistungsaustauschverträgen erst nach Vollzug des Leistungsaustausches der Fall, nicht einklagbar. Ein Verkäufer kann, solange nicht infolge der Übertragung des Eigentums am Kaufgegenstand eine debt entstanden ist, nicht auf den Kaufpreis klagen, sondern nur Schadensersatz wegen Nichtzahlung verlangen.

Ist damit Anspruchsgegenstand nicht die Schuld, sondern nur der Ersatzanspruch, so ist das eben „die Haftung".

Im Common Law ist also der Schuldvertrag ein Garantieversprechen. Es kommt also im englischen Recht nicht darauf an, auf welchen verschiedenen Gründen die Nichterfüllung eines Vertrages beruht. Eine Differenzierung der Leistungsstörungen nach Unmöglichkeit, Verzug und positiver Vertragsverletzung ist nicht erforderlich. Ob der Schuldner die versprochene Leistung überhaupt nicht, zu spät oder sonst unvollkommen bewirkt, ist nicht entscheidend, denn es kommt allein auf die Einhaltung der übernommenen Garantie an. Ist diese nicht eingehalten, ist der Tatbestand des "breach of contract" erfüllt.

Die Entstehung von Schadensersatzansprüchen ist auch unabhängig davon, ob der Schuldner die Nichterfüllung des Vertrages verschuldet hat. Eine Enthaftung des Schuldners unter bestimmten Voraussetzungen erfolgt vielmehr allein unter dem Gesichtspunkt, daß der Schuldner nach dem Sinn des Vertrages nicht unter *allen* Umständen für die Leistung einzustehen hat, also für den Fall bestimmter Leistungshindernisse von ihm eine Garantie gerade *nicht* übernommen worden war.

Deshalb kennt auch das Common Law keine kauf- oder werkvertragliche Mängelhaftung. Denn im englischen Recht sind Gewährleistungsansprüche in ihrem Wesen nichts anderes als Ansprüche aus Vertragsbruch, nämlich aus verletzter Garantie. RHEINSTEIN[4]) hat deswegen die Mängel-

---

[3]) Dazu grundlegend MAX RHEINSTEIN: Die Struktur des vertraglichen Schuldverhältnisses im anglo-amerikanischen Recht, Berlin-Leipzig 1932, S. 122ff.
[4]) a. a. O. S. 155.

ansprüche geradezu als Mustertyp der Vertragshaftung nach Common Law bezeichnet. Aus dieser Einordnung des Gewährleistungsrechts in die allgemeine Garantiehaftung für Vertragsbruch erklärt sich deshalb, daß ein Werkunternehmer eine mangelhaft errichtete Werkleistung ohne Rücksicht auf Verschulden den Schaden zu ersetzen hat, der dem Besteller durch die fehlerhafte Beschaffenheit der Werkleistung entstanden ist.

Von dem Grundsatz „Schadensersatz statt Naturalherstellung" kennt das Common Law nur eine einzige enge Ausnahme: Erfüllung kann nur dort verlangt werden, wo Schadensersatz nicht möglich ist. Es handelt sich dabei um die sog. "specific performance", ein ausnahmsweise auf Vertragserfüllung gerichteter Rechtsbehelf[5]). Auch hier denkt das Common Law von der Vollstreckung her, denn "specific performance" wird nur gewährt bei Kauf-, Pacht- und Mietverträgen über Grundstücke. Dafür wird generell und ohne Prüfung der Umstände des Einzelfalles angenommen, daß Schadensersatz wegen Nichterfüllung für den Käufer kein angemessener Rechtsbehelf ist. Schadensersatz ist hier nach angelsächsischem Verständnis schwer zu bestimmen, weil Grundstücke als Wirtschaftsgegenstände und als Wohnstätten einen ganz besonderen, mit Geld nicht abgeltbaren Individualwert besitzen; auch die Schwierigkeit der Feststellung des Marktwertes eines Grundstückes hat hierbei eine Rolle gespielt. Bei Kaufverträgen über bewegliche Sachen greift "specific performance" nur dann ein, wenn es sich um Sachen von besonderem individuellem Wert handelt, z. B. um Erbstücke, Familienbilder, Altertümer u. ä. mit besonderem Affektionswert. Außerdem ist für "specific performance" immer Voraussetzung, daß die Durchführung praktisch möglich ist. Deshalb wird sie bei Verträgen verweigert, deren Durchführung das Gericht nicht überwachen kann. Das gilt für Verträge auf fortdauernde Leistungen, aber auch für Verträge, deren Ausführung im voraus nicht in allen Einzelheiten fixiert werden kann, wie z. B. für Bauverträge.

Es bleibt nach alledem festzuhalten: der Abschluß eines rechtlich bindenden Vertrages, auch eines Bauvertrages, hat zur Folge, daß jeglicher Bruch eines im Vertrag enthaltenen Versprechens (Garantie) dem Versprechensempfänger nicht einen Anspruch auf „Erfüllung", sondern einen Schadensersatzanspruch gibt.

Da es in der englischen Rechtsprechung ein System der Leistungsstörungen, wie wir es nach dem BGB kennen (Unmöglichkeit, Verzug, positive Forderungsverletzung usw.), nicht gibt, wird die Frage, welche Leistungshindernisse einen Schuldner befreien, durch Vertragsinterpretation des jeweiligen Umfangs der übernommenen Garantie ersetzt. Dafür hat die englische Rechtsprechung ein kompliziertes, für einen Kontinentaljuristen oft

---

[5]) RHEINSTEIN, a. a. O. S. 144 ff.

recht unsystematisch erscheinendes Instrumentarium von allgemeinen Rechtsgrundsätzen entwickelt, die sog. "warranties" oder "implied terms" und sog. "conditions". Darauf wird sogleich zurückzukommen sein.

Ob das Konzept des Common Law mit der starken Einschränkung des Erfüllungsanspruchs gegenüber dem vorrangigen Schadensersatzanspruch sinnvoll und überzeugend ist, mag man bezweifeln. Zunächst ist es eine tiefverwurzelte historische Tatsache. Eine Ursache liegt sicher darin, daß in der Rechtswirklichkeit der Schadensersatzanspruch der Normalfall, der Erfüllungsanspruch eher Ausnahme ist. Letztlich ist das Garantie- und Schadensersatzdenken beim angelsächsischen Vertrag wohl darauf zurückzuführen, daß das Vollstreckungsverfahren unterentwickelt ist. Zwar kennt auch das Common Law die gewaltsame Wegnahme von Sachen durch den Gerichtsvollzieher, die Ersatzvornahme durch den Gläubiger und die gegen den Schuldner zu verhängenden Geld- und Haftstrafen. Allerdings stehen diese Zwangsinstitute unverbunden und relativ zufällig nebeneinander und es fehlt das ausgefeilte System unseres deutschen Zivilprozeßrechts, das für jeden Anspruchstyp eine bestimmte Durchsetzungs- und Erzwingungstechnik zuordnet und sich von dem Grundgedanken leiten läßt, daß Geld- und Haftstrafen nur dort gegen Schuldner eingesetzt werden dürfen, wo die Erfüllung anders nicht zu erreichen ist.

2. Die Rechtsgrundlagen der angelsächsischen Baumängelhaftung

Hier sind ganz klar zwei Ebenen zu unterscheiden, die in etwa, aber eben auch nur in einem übertragenen Sinne, mit unserem gesetzlichen Werkvertragsrecht einerseits und der VOB andererseits zu vergleichen sind[6]). Baumängelansprüche können sowohl nach allgemeinem Recht (Common Law) als auch nach den Vorschriften verschiedener Standardvertragsbedingungen, die einzelvertraglich vereinbart sein müssen, verfolgt werden. Dabei stehen beide denkbaren Anspruchsgrundlagen ergänzend nebeneinander: die vertragliche Vereinbarung eines Standardformulars schließt Ansprüche nach Common Law keineswegs aus.

Um es vorweg zu sagen: in der Baupraxis hat sich seit weit über 100 Jahren das Standardvertragsrecht, das unserer VOB/B vergleichbar ist, absolut durchgesetzt und kommt in seinen Mängelbeseitigungsregelungen viel stärker auf Naturalherstellung hinaus als auf Schadensersatz. Dennoch basiert letztlich die Mängelbeseitigung immer wieder auf (nach unseren Vorstellungen) quasi-deliktischen Vorstellungen vom "breach of contract".

---

[6]) WEICK: Vereinbarte Standardbedingungen im deutschen und englischen Bauvertragsrecht, München 1977 (grundlegend), S. 180 ff.

Bekanntlich kennt das Common Law keine Zivilrechtskodifikation, kein Vertragsgesetz, kein gesetzliches Werkvertragsrecht. Statt dessen wird es beherrscht von einer Rechtstechnik, die primär nicht an Gesetzestexten und ihrer Interpretation, nicht an Einordnung in ein Gesetzes- und Begriffssystem orientiert ist, sondern in Fallgruppen und Präjudizien denkt. Eine durchaus sorgfältige und lebenszugewandte Problemdiskussion beherrscht die Rechtsprechung, die sachverhaltsbezogen, konkret und historisch argumentiert. In keinem Land der Welt ist eine Rechtsprechung in ihrem Stil der Rechtsanwendung über Jahrhunderte hinweg so konstant geblieben wie in England. Dadurch hat sich ein sozusagen sich selbst tragendes Rechtsprechungssystem entwickelt. Wir müssen uns hier auf diese höchst oberflächliche Charakterisierung beschränken.

Anstelle gesetzlicher Vorschriften existiert im Common Law in Form von "implied terms/warranties" ein durch die Rechtsprechung festgesetztes Maßstab-System, das in etwa mit unserem dispositiven Werkvertragsrecht verglichen werden kann. Es handelt sich dabei um sehr allgemein gehaltene Grundsätze, die für den Bereich des Bauvertragsrechts in Verträge hineingelesen werden[7]), wie z. B.:

Mitwirkungspflicht des Auftraggebers;

Verpflichtung beider Vertragsparteien, gegenseitig jede Vertragsstörung zu unterlassen;

Verpflichtung des Auftragnehmers, alle Bauleistungen nach dem Stand der Technik und mit größter Sorgfalt zu erbringen;

Garantie für die zweckgeeignete und gute Qualität von Baustoffen durch den Unternehmer;

Zusicherung, daß die Bauleistung den vertraglichen Zwecken entspricht;
   Qualifikation von Spezialunternehmern (Subunternehmern, usw.)

Beispiel für den Verkauf eines Wohngebäudes[8]):

"*Sale of buildings.*" Where there is a contract for the sale of the house to be erected, or in the course of erection, there is, subject to the express terms of the contract a threefold implication:

That the builder will do his work in a good and workmenlike manner;

That he will supply good and proper materials;

And that it will be reasonably fit for human habitation."

Solcherart von der Rechtsprechung entwickelte allgemeine Grundsätze erwiesen sich schon im vorigen Jahrhundert als unzureichend, um mit den Mängelproblemen von Bauverträgen fertig zu werden. Vor allem die Nach-

---
[7]) Keating on Building Contracts, 5th ed. 1991, p. 45.
[8]) Keating a. a. O. p. 57.

besserungs- und Mängelbeseitigungsbedürfnisse der Praxis konnten dadurch angesichts der Fixierung auf die Schadensersatzdogmatik des Vertragswesens nicht erfüllt werden. Diese Lücke hat das im folgenden zu behandelnde angelsächsische Standardvertragsrecht für Bauverträge gefüllt. Im Laufe vieler Jahrzehnte hat das Standardvertragsrecht ein ausgefeiltes System für Mängelhaftung und Nachbesserung bei Bauverträgen entwickelt und die allgemeinen Rechtsgrundsätze (implied terms) des Common Law mehr und mehr überlagert. Nach wie vor gilt jedoch: die Rechtsbehelfe des Common Law sind nicht durch das Standardvertragsrecht ersetzt worden, sondern gelten hilfsweise daneben weiter, was insbesondere bei der Verjährungsregelung von Gewährleistungsmängeln eine Rolle spielen kann.

3. Standardvertragsrecht als Rechtsgrundlage für Mängelhaftung

Anders als bei uns die VOB wird in England und in den Vereinigten Staaten die Rechtswirklichkeit durch mehrere Standardvertragsrechte beherrscht. Dabei handelt es sich:

Im Vereinigten Königreich um das sog. „JCT-Formular"[9]) für Hochbau/Baugewerbe, das auch unter der Bezeichnung „RIBA" (Royal Institute of British Architects) bekannt ist,

sowie um das ICE-Standardformular der Institution of Civil Engineers für den Bereich des Ingenieurbaues/Bauindustrie,

und schließlich für die USA um die Allgemeinen Vertragsbedingungen des amerikanischen Instituts für Architekten „AIA" – Document A 201, das in Abstimmung mit der amerikanischen Bauindustrie in 14. Auflage 1987 für alle Unionsstaaten prägende Bedeutung hat.

In England existiert für die öffentlichen Aufträge ein spezielles Vertragsmuster (General Conditions for Works), das jedoch das öffentliche Bauvertragswesen keineswegs beherrscht, weil insbesondere auch das ICE und JCT-Vertragsmuster bei öffentlichen Aufträgen Anwendung findet.

Die JCT (RIBA)-Vertragsbedingungen haben sich bereits seit 1870 entwickelt und sind primär für den Hochbau von einer paritätisch zusammengesetzten 20er Kommission aus je 10 Vertretern der Auftraggeberseite (Architekten und Kommunen) und 10 Vertretern der Auftragnehmerseite ausgearbeitet worden. Die Architektenschaft hat auf diese „Allgemeinen Vertragsbedingungen" entscheidenden Einfluß genommen. Das 1834 gegründete Royal Institute of British Architects hat im JCT immer eine Führungsrolle gehabt und seine professionellen Wertvorstellungen, seine Standards usw. eingebracht. Dabei muß man im Auge behalten, daß die

---

[9]) JCT: Joint Contract Tribunal – vergleichbar dem Deutschen Verdingungsausschuß.

britische Architektenschaft vor dem Hintergrund ihrer Bedeutung während der industriellen Revolution zu Beginn des vorigen Jahrhunderts bereits hohes Sozialprestige besaß, straff organisiert war und von der Auftraggeber- und Auftragnehmerseite immer eine unabhängig-dominierende Rolle spielte, die mit der der Architektenschaft auf dem Kontinent eigentlich kaum vergleichbar ist.

Die ICE-Vertragsbedingungen sind jüngeren Datums und existieren erst seit 1945 nunmehr in der 6. Auflage von 1991. Die nicht minder renommierte Institution of Civil Engineers ist bereits 1818 gegründet worden.

Die im Folgenden im Hinblick auf die Lösung der Baumängelhaftungsprobleme behandelten 3 Formulare werden unter der Bezeichnung JCT für Baugewerbe/Hochbau, ICE für Ingenieurbau in England und unter der Bezeichnung AIA 201 für das Bauwesen der USA behandelt.

An dieser Stelle sei festgehalten, daß alle 3 Vertragsbedingungen den Umfang des Teiles B der VOB bei weitem übersteigen: das JCT-Formular enthält 41 Klauseln, darunter z. B. Klausel 30, die sich allein über 6 Buchseiten erstreckt, das ICE-Formular umfaßt 71 Klauseln und das AIA 201-Formular der USA enthält zwar nur 14 Artikel, die stark dezimalisiert und detailliert sind und 24 doppelspaltige gedruckte Seiten umfassen.

4. Die Schlüsselrolle der "professionals"

Bevor im Folgenden die Mängelhaftungsregelungen der vorerwähnten Standardvertragsbedingungen dargestellt werden, muß die Schlüsselrolle der Architekten/Ingenieure beim Vertragsmanagement im englischen Baurecht, insbesondere aber auch im Zusammenhang mit der Baumängelhaftung, angesprochen werden[10]). Natürlich spielt auch im deutschen Baurecht der Architekt als Entwurfsverfasser und als Bevollmächtigter Vertreter des Auftraggebers in tatsächlicher Hinsicht eine zentrale Rolle. Aber: er wird in der VOB an keiner Stelle erwähnt. Er bleibt vertragsrechtlich Auftraggeber-Vertreter.

Anders im angelsächsischen Standardvertragsrecht: auch hier bestehen zwar Vertragsbeziehungen nur zwischen dem Auftraggeber und dem Architekten/Ingenieur, jedoch wird letzteren durch den Bauvertrag selbst eine starke Rechtsposition eingeräumt und er verdeckt fast den Auftraggeber.

Jedes angelsächsische Vertragsformular erwähnt an vielen Stellen den Architekten/Ingenieur als eine Art „faktischen Vertragspartner" des Auftragnehmers, als das alter ego des Bauherrn.

---

[10]) eingehend dazu WEICK, a. a. O. S. 87ff.

Das fachliche Ermessen des "professionals" ersetzt im angelsächsischen Vertragsrecht weitgehend die Maßstäbe, die im deutschen Baurecht durch den Teil C der VOB und die technischen Normen gesetzt werden. Die Ermessensentscheidung des Architekten hat neben den Ausschreibungs- und Vertragsunterlagen eine mindest gleichwertige Bedeutung als Leistungsmaßstab für die ordnungsgemäße Vertragserfüllung. Als eine Art „dritter Vertragspartner" und als Schiedsrichter (mit Unabhängigkeit auch gegenüber dem Auftraggeber) ist somit der "professional" – obwohl kein Beteiligter am Bauvertrag – zur juristischen Zentralfigur geworden.

Beispiel 1
Das JCT/RIBA-Vertragsformular definiert in Klausel 2 die Auftragnehmerpflichten wie folgt:

"... shall carry and complete the works shown in the Contract Documents in compliance therewith, provided that where ... approval of the quality of materials or of the standards of workmanship is a matter for the opinion of the architect such quality and standards shall be to the reasonable satisfaction of the architect..."

Beispiel 2
ICE-Vertragsbedingungen Klausel 13:

"... shall construct and complete the Works in strict accordance with the Contract to the satisfaction of the Engineer..."

Beispiel 3
AIA-Document A 201 – Artikel 3.5.1 ("Warranty"):

"The contractor warrants to the Owner and the Architect that the Work will be free from facts and will conform with the requirements of the Contract Documents."

Der Architekt/Ingenieur wird uns auch bei den nachfolgend zu behandelnden Mängelbeseitigungsvorschriften der Standardvertragsbedingungen in gleicher Machtfülle wiederbegegnen. Nach wie vor gilt das berühmte Zitat Hudson's aus dem Jahre 1895:

"The architect is more powerful than any judge and may do practically what he pleases..."[11])

5. Mängelbeseitigungshaftung im Hochbau (JCT-Vertragsbedingungen)

Die wesentlichen Haftungsvorschriften finden sich in Klausel 17 mit der Überschrift "Practical completion and defects liability" sowie in Klausel 30,

---
[11]) HUDSON's Building an Engineering Contracts, 2nd ed., I. p. 2, zitiert nach WEICK, a. a. O. S. 91; Hudson's Standardwerk 1895 in erster Auflage, zuletzt 1970 in 10. Auflage, ist der „Klassiker" des englischen Baurechts.

Punkt 8 (Certificates and Payments) und Punkt 9 (Final Completion/Final Certificate).

Nach Klausel 17, Punkt 2, hat der Auftragnehmer alle Mängel und Fehler (defects, shrinkages or other defaults), die innerhalb der Mängelbeseitigungsfrist (Defects Liability Period) hervortreten und die auf Baustoffe oder eine Ausführung zurückzuführen sind, die nicht dem Vertrag entspricht, für den Auftraggeber kostenfrei zu beseitigen. Dies erinnert an § 13, Rdn. 5, Absatz 1 VOB/B. Damit ist aber auch die Ähnlichkeit der Mängelhaftung fast erschöpft.

Zwar ist auch im angelsächsischen Baurecht die sog. "Practical Completion/Substantial Completion" die kardinale Abgrenzungsmarkierung zwischen Ausführungsphase und Mängelbeseitigungsphase, ein Zeitpunkt, der durch die formelle Fertigstellungsbescheinigung des Architekten fixiert wird. Aber die Vorstellung einer „Abnahme" im Sinne von § 640 BGB oder § 12 VOB/B ist im angelsächsischen Bauvertrag unbekannt; es gibt auch keine fingierte Abnahme in Analogie zu § 12 Rdn. 5 VOB/B.

Der Grund liegt darin, daß das englische Recht keine Rechtspflicht des Auftragnehmers zur Abnahme kennt; eine solche besteht weder nach Common Law noch nach den Standardvertragsmustern. Delivery oder Acceptance sind keine rechtlich relevanten Begriffe. Auch hier ist der Hintergrund, daß die Mängelbeseitigung in Kategorien des Schadensersatzes und nicht im Sinne einer Erfüllungs-Kontrolle gesehen wird. Inhaltlich darf also "Completion" nicht mit „Abnahme" des deutschen Werkvertragsrechts verwechselt werden.

Das JCT-Formular zeigt darüber hinaus, daß die Fertigstellung gespalten ist in zwei Zeitpunkte: die soeben erwähnte "Practical Completion" (Klausel 17) und die sog. "Final Completion", die durch ein Final Certificate vom Architekten bestätigt wird.

Practical Completion und Final Completion als vorläufige und endgültige Fertigstellung ergeben eine Art gestaffelter Abnahme in zwei Stufen. Mit der Practical Completion sind zwei Rechtsfolgen verbunden:

a) 50%ige Freigabe der Sicherungseinbehalte;
b) Beginn der Defects Liability Period.

Nach Klausel 30, Punkt 9 des JCT-Formulars ist das Final Certificate spätestens zwei Monate nach Ablauf der Defects Liability Period oder im Anschluß an ein vom Architekten nach durchgeführter Mängelbeseitigung erteiltes Mängelbeseitigungszertifikat zu erteilen. Das Final Certificate führt zur Auskehrung der restlichen 50% Sicherungseinbehalt und zur Freigabe der Schlußzahlung.

Zwischen vorläufiger Fertigstellung und endgültiger Fertigstellung liegt also die Mängelbeseitigungsfrist, die für jeden einzelnen Bauauftrag im Anhang zu den Vertragsbedingungen individuell vereinbart werden muß und – falls eine solche Vereinbarung nicht erfolgt – sechs Monate beträgt. Diese Defects Liability Period (früher auch Maintenance Period genannt) ist mit der zweijährigen VOB-Verjährungsfrist nach § 13, Rdn. 4 VOB/B nur sehr bedingt zu vergleichen. Ihrem Wesen nach ist sie eher Schadensbeseitigungsfrist als Verjährungsfrist im Sinne eines potentiellen Gewährleistungsanspruches.

Im Mechanismus der gestaffelten vorläufigen und endgültigen Fertigstellung kommt nach dem JCT-Formular dem Final Certificate des Architekten, in dem dieser nach Ablauf der Mängelbeseitigungsfrist die Ordnungsgemäßheit der erbrachten Bauleistung bestätigt und die restliche Sicherheit sowie die Schlußzahlung freigibt, eine ganz besondere Bedeutung hinsichtlich der Mängelhaftung zu. Denn das JCT-Final Certificate hat gemäß Klausel 30, Punkt 9, zugunsten des Auftragnehmers und zu Lasten des Auftraggebers den Ausschluß aller weiteren Mängelbeseitigungsansprüche zur Folge. Dabei ist äußerst wichtig zu beachten, daß die Vertragsbedingungen für Ingenieurbau (ICE) oder etwa die US-amerikanischen Vertragsbedingungen AIA Document 201 keine solche „Fallbeil-Wirkung" kennen.

Das JCT-Final Certificate fingiert den unwiderlegbaren Beweis (conclusive evidence) dahingehend, daß

das verwendete Baumaterial und die Qualität der erbrachten Bauleistung (standard of workmanship) den (vertraglich maßgebenden) Beurteilungsansprüchen des Architekten genügen.

Die englische Formulierung lautet:

"The Final Certificate shall have effect in any proceedings arising out of or in connection with this contract as conclusive evidence that ... the quality of materials or the standard of workmanship are to be to the reasonable satisfaction of the architect..." (Klausel 30. 9. 1 JCT)

Damit sind mit dem Zeitpunkt der Ausstellung des Final Certificate alle Mängelbeseitigungsansprüche endgültig ausgeschlossen, nicht nur soweit sie sich aus dem Vertrag bzw. aus den Vertragsbedingungen ergeben, sondern auch soweit sie *daneben* als Anspruch aus breach of contract (Schadensersatz) innerhalb der allgemeinen gesetzlichen Verjährung von 6 oder 12 Jahren möglich wären.

Wie oben erwähnt, schließt der Abschluß eines Bauvertrages nach den Standardvertragsbedingungen keineswegs die Geltendmachung von Mängelansprüchen auf Schadensersatz aus breach of contract (und zwar wegen der Kosten für eine etwaige Ersatzvornahme) aus. Diese Ansprüche nach Common Law verjähren nach einem besonderen Verjährungsgesetz (Limitation Act 1980) bei normalen Verträgen nach 6 Jahren, bei sog. "deeds" nach 12 Jahren. Da schon ein normaler Bauvertrag heute die Voraussetzungen eines "deeds" erfüllen dürfte, ist insoweit regelmäßig von einer 12jährigen Verjährung solcher Schadensersatzansprüche nach Common Law auszugehen.

Der "conclusive effect" des JCT-Final Certificates verkürzt also im Hochbaubereich relativ rigoros die Baumängelhaftung auf insgesamt 8 Monate und erweist sich damit als eine ausgesprochen unternehmerfreundliche Regelung.

6. Baumängelhaftung im Ingenieurbau (ICE-Bedingungen 1991)

Wie beim JCT-Formular ist auch in den ICE-Vertragsbedingungen der Mängelbeseitigungsanspruch ein auf Nachbesserung gerichteter Schadensersatzanspruch (Klausel 49, Punkt 2):

"The Contractor shall as soon as practicable execute all work of repair, amendment, reconstruction, rectification and making good of defects of whatever nature as may be required of him in writing by the engineer during the relevant Defects Liability Period or within 14 days after its expiry as a result of an inspection made by or on behalf of the engineer prior to its expiry."

Ein wesentlicher Unterschied zu den JCT-Vertragsbedingungen für Hochbau besteht darin, daß es nur einen "Completion"-Termin gibt, hier bezeichnet in Artikel 48 als "Substanial Completion", in der Bedeutung aber gleichbedeutend mit der "Practical Completion" des JCT-Formulars. Die Mängelbeseitigungsfrist (Defects Correction Period), die einzelvertraglich im Anhang zu den Vertragsbedingungen nach Wochen (nicht nach Monaten) festgelegt wird, beginnt mit der Erteilung des Certificates of Substantial Completion. Ein Final Certificate kennen die ICE-Bedingungen nicht.

Das Verfahren läuft vielmehr folgendermaßen:
a) Erteilung des Certificates über Substantial Completion;
b) Durchführung der Mängelbeseitigung während der Defects Correction Period;
c) Engineer bescheinigt Mängelbeseitigung durch ein Defects Correction Certificate;
d) Einreichung der Schlußrechnung durch den Auftragnehmer;
e) Binnen 3 Monaten nach Einreichung der Schlußrechnung wird ein Schlußzahlungs-Certificate ausgestellt (Klausel 60, Absatz 4, Nummer 2).

Darin bestätigt der Engineer den dem Unternehmer zustehenden Schlußzahlungsbetrag unter Einschluß aller etwaigen gewährten Nachtragszahlungen. Dieses Schlußzahlungszertifikat hat indes keinerlei Beweiswert für die Art der Ausführung der Vertragsleistungen, ganz im Gegensatz zu dem Final Certificate nach JCT.

Hier kann also die Geltendmachung von Schadensersatzansprüchen im Rahmen der gesetzlichen Verjährungsregelungen nach dem Limitation Act 1980 section 8 bis zu Ablauf von 12 Jahren ab Practical Completion vom Auftraggeber verlangt werden. Das ICE-Vertragsmodell hat hier eine völlig andere Lösung gefunden als das JCT-Model:

Gemäß Klausel 61 stellt der Engineer entweder, falls während der Defects Correction Period keine Mängel aufgetreten sind, nach deren Ablauf oder in dem Fall, daß Mängel auftraten und beseitigt worden sind, nach Beseitigung ein Defects Correction Certificate aus, in dem er zum Ausdruck bringt, daß zu dem betreffenden Ausstellungsdatum der Auftragnehmer seine vertraglichen Verpflichtungen erfüllt hat. Nach Erteilung dieses Certificates braucht der Auftragnehmer, wenn doch noch nachträglich Mängel auftreten, nicht mehr aufgrund der vertraglichen Mängelbeseitigungspflicht gemäß Klausel 49 tätig zu werden. Vielmehr bestimmt Klausel 61, Absatz 2, daß die Mängelhaftung des Auftragnehmers nach Common Law unberührt bleibt. Hier besteht die Mängelhaftung innerhalb der vorerwähnten gesetzlichen Verjährungsfristen.

Festzuhalten bleibt also, daß die Mängelhaftungsregelungen im Hochbau und im Ingenieurbau nicht nur im Wortlaut, sondern auch inhaltlich total unterschiedlich sind. Der conclusive effect des JCT-Formulars im Hochbau stellt den Auftragnehmer deutlich günstiger als den Ingenieurbau-Unternehmer, der nach ICE-Bedingungen arbeitet.

7. Baumängelhaftung nach AIA-Document A 201 (1987)

Grundlage für die Mängelhaftung des Auftragnehmers im amerikanischen Standardvertragsrecht ist eine 3fache Garantie (warranty) in Artikel 3, Punkt 5.1:

a) hinsichtlich guter Qualität und Neuwertigkeit des gelieferten Materials und der gelieferten Ausstattung;
b) daß die Bauleistung mängelfrei ist;
c) daß das Bauwerk vertragsgemäß erstellt wurde.

Eine ausdrückliche Enthaftung des Auftragnehmers für Schäden und Mängel, die durch von ihm nicht zu vertretende Umstände verursacht worden sind, ist dabei festgelegt. Auf Verlangen des Architekten findet wegen der Qualität und der Geeignetheit von Baumaterial und Ausstattungen eine Beweislastumkehr insofern statt, als der Auftragnehmer für beweispflichtig erklärt wird.

Diese allgemeine Vertragsgarantie ist in Artikel 12 hinsichtlich etwaiger Mängelbeseitigungspflichten außerordentlich detailliert ausgestaltet. Eine Aufspaltung in Substantial und Final Completion im Sinne des JCT-Modells gibt es nicht! Maßgebender Zeitpunkt für den Beginn der Mängelbeseitigungspflicht ist die Substantial Completion, die der Architekt im entsprechenden Certificate zeitlich fixiert (Artikel 8, Punkt 1.3 und Artikel 9, Punkt 8.2).

Die Mängelbeseitigungsfrist beträgt 1 Jahr ab Substantial Completion (Artikel 12, Punkt 2.2). Sie verlängert sich für nachträglich fertiggestellte Teilleistungen entsprechend um diejenige Frist, die zwischen Substantial Completion und der nachträglichen Teilfertigstellung liegt. Verzögert der Auftragnehmer die Mängelbeseitigung, hat der Auftraggeber nach zweimaliger kurzer Fristsetzung das Recht auf Ersatzvornahme.

Bezeichnend für die starke Stellung des Architekten auch im amerikanischen Bauvertragsrecht ist die ausdrückliche Verpflichtung des Auftragnehmers, im Rahmen der Mängelbeseitigung auch alle zusätzlichen Kosten und Auslagen des Architekten, die infolge der Mängelbeseitigung entstehen, zu tragen (Klausel 12, Punkt 2.1).

Wie das JCT-Formular kennen auch die amerikanischen allgemeinen Vertragsbedingungen die Aufspaltung in Substantial und Final Completion mit entsprechenden Zertifikaten.

Die aufgrund des Final Certificates des Architekten vorgenommene Schlußzahlung des Auftraggebers schließt zwar Nachforderungen aus, jedoch ist in Artikel 4, Punkt 3.5, Nummer 2 ausdrücklich festgehalten, daß dieser Waiver of Claims *nicht* Mängelbeseitigungsansprüche einschließt:

"The making of final payment shall constitute waiver of claims by the Owner except those arising from . . .
2. failure of the Work to comply with the requirements of the Contract Documents or . . .
3. terms of special warranties required by the contract documents."

Der Auftragnehmer bleibt also auch nach Ablauf der einjährigen Defects Correction Period im Rahmen der allgemeinen Verjährungsregelungen mängelbeseitigungspflichtig.

Hinsichtlich der Verjährung existieren in den USA einzelstaatliche gesetzliche Verjährungsregelungen zwischen 3 und 6 Jahren, so daß jeweils im einzelnen zu prüfen ist, für welche Dauer der Auftragnehmer noch auf Mängelbeseitigung in Anspruch genommen werden kann.

Hinsichtlich der Verjährungsfrage sind für die gesetzlichen Verjährungsfristen im Document A 201 in Artikel 13, Punkt 7.1, wegen des Beginns der Verjährungsfristen folgende unterschiedliche Regelungen festgelegt:

a) Für vor Substantial Completion auftretende Mängel beginnt die Verjährung mit dem Tage der Substantial Completion;
b) Für die zwischen Substantial Completion und Final Completion, also z. B. während der einjährigen Mängelbeseitigungsfrist, auftretenden Mängel beginnt die Verjährung mit dem Final Completion Certificate Date und
c) für alle nach dem Final Certificate auftretenden Mängel mit dem Datum des Abschlusses der tatsächlichen Mängelbeseitigung.

8. Zusammenfassung

Der hier gegebene Überblick über die angelsächsische Baumängelhaftung mag kompliziert erscheinen; er ist dennoch unvermeidlicherweise sehr kursorisch. Unter diesem Vorbehalt erscheinen dennoch folgende allgemeine Schlußfolgerungen erlaubt:

1. Angelsächsische Baumängelhaftung ist nur bei äußerst oberflächlicher Betrachtung vergleichbar mit den Abnahme- und Gewährleistungsregelungen der VOB.
2. Abgesehen von der sehr unterschiedlichen Dauer der Verjährungsfristen beruhen die deutsche und die angelsächsische Regelung auf völlig unterschiedlichen rechtsdogmatischen Grundlagen. Daran ändert sich nichts dadurch, daß die praktischen Ergebnisse im wirtschaftlichen Effekt vergleichbar sind.
3. Der angelsächsische Vertrag, also auch der Bauvertrag, ist ein Garantieversprechen, keine Vereinbarung über eine Erfüllungsverpflichtung im Sinne von § 241 BGB.
4. Das angelsächsische Haftungsrecht wird von dem Prinzip des Schadensersatzes für verletzte Garantiezusage, nicht von Naturalherstellung beherrscht.
5. Das Leistungsstörungssystem des BGB findet im Common Law keine Entsprechung.
6. Angelsächsische Mängelbeseitigung ist „Schadensersatz", auch dort, wo sie scheinbar als Nachbesserung formuliert ist.
7. Es gibt im angelsächsischen Recht keine gesetzliche oder vertragliche Abnahmeverpflichtung, daher auch keine „Abnahme" im Sinne des BGB.
8. Statt eines einheitlichen Abnahmetermins im Sinne des § 12 VOB/B kennt das angelsächsische Mängelhaftungsrecht nur eine gespaltene Kontrolle der Fertigstellung; diese technisch-pragmatische Lösung ist

Gegenstand der Vertragsadministration des Architekten, nicht des Auftraggebers.
9. Das angelsächsische Baumängelrecht kennt zwei komplementäre Anspruchsebenen:
   a) Die "Warranties" oder "Implied Terms" nach Common Law mit allgemeinen Rechtsgrundsätzen der Mangelhaftung und daneben
   b) spezifische einzelvertragliche Mängelbeseitigungsvereinbarungen im Standardvertragsrecht.
10. Die kurzen standardvertraglichen Mängelbeseitigungsfristen (Defects Liability Periods) sind keine Verjährungsfristen im gesetzlichen Sinne, sondern
11. gesetzliche Verjährungsregelungen können im Common Law übrigens vertraglich verkürzt und verlängert werden, sind also voll disponibel.
12. Aus der Sicht des Kontinental-Europäers ist die im englischen Hochbau/Baugewerbe nach dem Standardformular JCT des Royal Institutes of British Architects in Klausel 30, Punkt 9 enthaltene unwiderlegbare Beweisvermutung für Mängelfreiheit nach Erteilung des Final Certificates eine ungewöhnlich unternehmergünstige Lösung.

Nachbemerkung:

Ich komme zurück auf meine einleitenden Worte: die Unterschiede sind tiefgreifend. Sie sind bedeutender als es diese zugegeben oberflächliche Struktursizze sichtbar machen konnte. Unsere kontinentaleuropäischen Zivilrechtskodifikationen sind bestenfalls 200 Jahre alt. Die Denkkategorien des Common Law gehen weit zurück ins frühe Mittelalter und beherrschen in ihrem Geltungsbereich ein Territorium, gegen das sich der Europäische Binnenmarkt beinahe winzig ausnimmt.

Was bleibt, ist die Erkenntnis: Haftungsregelungen sind tief verwurzelt im jeweiligen Rechtssystem. Das erfordert einen ungeheuren Aufwand an gründlicher Rechts*vergleichung*, bevor man an Rechts*vereinheitlichung* herangehen kann. Die tiefe Verwurzelung auch solcher Materien wie der des Haftungsrechts für Baumängel in den jeweiligen Rechtsfamilien sollte im Hinblick auf übernationale Harmonisierung zumindest vorsichtig machen.

MIX
Papier aus verantwortungsvollen Quellen
Paper from responsible sources
FSC® C105338

If you have any concerns about our products,
you can contact us on
ProductSafety@springernature.com

In case Publisher is established outside the EU,
the EU authorized representative is:
**Springer Nature Customer Service Center GmbH
Europaplatz 3, 69115 Heidelberg, Germany**

Printed by Libri Plureos GmbH
in Hamburg, Germany